노동자가 만난 과학

노동자가 만난 과학

1판 1쇄 발행 2025년 3월 12일

지은이 박재용 | **사진** 이의렬 | **디자인** 신병근 황지희 | **펴낸이** 임중혁 | **펴낸곳** 빨간소금

등록 2016년 11월 21일(제2016-000036호)

주소 (01021) 서울시 강북구 삼각산로 47, 나동 402호 | **전화** 02-916-4038

팩스 0505-320-4038 | **전자우편** redsaltbooks@gmail.com

ISBN 979-11-91383-54-6 (03500)

노동자 만난 과학

자본으로부터 과학 되찾기

박재용 지음

빨간소금

머리말

과학이라고 하면 흔히 실험실의 하얀 가운을 떠올린다. 그리고 현미경을 들여다보는 연구자들, 복잡한 수식이 가득한 칠판, 첨단 장비들로 꽉 찬 공간을 상상한다. 하지만 과학은 실험실 안에만 있지 않다. 우리의 일상 곳곳에 스며들어 있고, 나아가 자본주의 사회의 권력관계와 깊숙이 얽혀 있다.

노동 현장에서 과학은 양면성을 지닌다. 한편으로는 노동자의 일을 편하게 만들어 주는 도구이지만, 다른 한편으로는 노동을 통제하고 감시하는 수단이다. 스마트팩토리(Smart Factory)는 위험하고 반복적인 작업을 줄여 주지만, 동시에 노동자의 모든 움직임을 초 단위로 기록하고 평가한다. 배달 앱은 배달 노동자의 동선을 최적화하지만, 그 과정에서 노동자를 알고리즘의 통제 아래 둔다.

이 책은 크게 3부로 구성되어 있다. 1부에서는 19세기 제국주의 시대부터 과학이 어떻게 식민지 수탈과 인종차별의 도구로 활용되었는지를 살펴본다. 생물자원 약탈부터 인종론과 우생학까지, 과학이 제국주의에 복무했던 역사를 비판적으로 검토한다.

19세기 제국주의 시대에 과학은 식민지 수탈의 도구였다. 당시 영국의 큐왕립식물원이 전 세계의 유용한 식물을 수집하고 연구한 목적은 제국의 이익을 위해서였고, 인종을 '과학적'으로 구분하고 서열화한 것 역시 식민 지배를 정당화하기 위해서였다.

2부에서는 현대 자본주의 사회에서 과학이 어떻게 작동하는지를 분석한다. 거대과학의 발전 과정, 의약품 특허권을 통한 이윤 추구, 그리고 과학기술의 사유화 문제를 다룬다.

코로나19 백신은 부자 나라들에 몰려 있고, 기후 위기의 피해는 가난한 사람들에게 더 크게 미친다. 그리고 이러한 문제를 해결할 과학기술은 거대 기업들의 손아귀에 있다.

하지만 우리에게는 다른 과학의 경험이 있다. 마지막 3부에서는 대안적 과학의 가능성을 탐색한다. 과학기술의 이데올로기를 비판적으로 살펴보고, 지식과 기술의 공유 운동, 제3세계 과학기술 운동, 그리고 소수자를 위한 과학의 필요성을 논의한다.

1970년대 영국의 루카스항공 노동자들은 군수용이 아닌 민간용 제품을 만들자며 대안적인 생산 계획을 직접 만들었다. 그리고 인도의 과학자들은 맨발의대학(Barefoot Collage) 운동을 통해 마을 주민들과 함께 적정기술을 개발했다. 지금도 전 세계의 많은 과학

자와 시민이 지식과 기술을 공유하는 오픈 사이언스(Open Science)
운동을 펼치고 있다.

이 책은 이런 과학의 두 얼굴을 이야기한다. 자본과 권력에 봉사
한 과학의 역사를 비판적으로 살펴보는 한편, 노동자와 민중의 편
에 선 과학의 가능성을 모색한다. 어려운 이론이나 복잡한 기술 이
야기보다 과학이 우리의 삶과 어떻게 연결되어 있는지, 어떻게 하
면 과학을 노동자와 민중의 것으로 만들 수 있을지를 고민한다.

과학을 이해하는 만큼 과학을 바꿀 수 있다. 가진 자만의 과학이
아닌 노동자와 민중을 위한 과학을 만들 수 있다. 쉽지 않은 여정에
이 책이 작은 길잡이가 되었으면 한다.

차례

1부
제국주의와 과학

1
약탈적 과학
'발견'과 '발명'이라는 거짓말

피나텍스와 생물해적 행위

인간이 처음 몸에 걸친 옷은 아마 사냥한 동물의 가죽이었을 것이
다. 그 뒤 다양한 섬유들이 나왔지만, 모피는 꾸준히 인간의 사랑을
받았다. 그러나 20세기 들어 모피 사용을 문제라고 느낀 이들이 늘
어났고, 21세기 들어 모피를 사용하지 말자는 여론이 높아졌다. 모
피 생산을 목적으로 사육하는 동물의 처참한 환경 문제부터 모피를
만드는 과정에서 발생하는 온실가스 문제까지, 모피를 이용하지 말
아야 할 이유가 드러났기 때문이다.

그 대안으로 인조 모피가 떠올랐는데, 그중 하나가 피나텍스
(Piñatex)다. 피나텍스는 스페인 출신 디자이너 카르멘 히요사(Car-
men Hijosa)가 2013년 개발한 것으로, 파인애플 잎에서 추출한 섬
유를 부직포 형태로 만든 뒤 특수 처리를 통해 가죽과 비슷한 질감

과 내구성을 갖게 했다. 히요사는 이 기술에 대한 특허권을 얻고 아나나스아남(Ananas Anam)이란 회사를 세워 피나텍스를 독점 생산·공급하고 있다. '아나나스'는 영어 외 다른 언어에서 파인애플을, '아남'은 산스크리트어로 창조를 뜻한다. 파인애플을 재배하는 과정에서 자연스레 얻을 수 있는 파인애플 잎을 이용하는 친환경적이고 지속 가능한 가죽 대체재로 주목받아 나이키, H&M, 휴고보스 등 유명 브랜드가 이 소재를 이용한 제품을 출시하고 있다. 파인애플 잎에서 섬유를 추출한 나머지는 바이오매스(Biomass)[1]로 만들어 다시 비료로 사용할 수 있다.

여기까지만 보면 아주 좋은 사례라 할 수 있다. 그런데 이 피나텍스에 몇 가지 문제가 있다. 우선, 아나나스아남은 필리핀에서 대규모 파인애플 농장을 운영하는 다국적 식품 회사 돌(Dole)로부터 파인애플 잎을 공급받는다. 돌에 파인애플 열매 이외의 수입원이 생긴 것이다. 그런데 이 회사에 문제가 많다. 먼저, 돌은 필리핀에서 중남미까지 세계 곳곳에서 많은 농장을 운영하는데, 이곳에서 일하는 노동자들은 안전하지 않은 작업환경에서 최저 생활임금에도 미치지 못하는 급여를 받으며 장시간 노동에 시달리고 있다. 회사는 노동자들의 노동조합 결성을 방해하고 노동조합 지도자를 탄압하

---

1 바이오매스는 유기체로부터 얻을 수 있는 에너지 자원을 의미하며, 나무, 농작물, 음식물 쓰레기 등이 포함된다. 폐목재나 농업 부산물 등을 활용해 열이나 전기를 생산할 수 있어 재생에너지의 한 형태로 주목받고 있다.

기도 한다. 일부 국가에서는 아동노동 혐의가 있다. 또, 대규모 농장을 만드는 과정에서 열대우림을 파괴하고 과도하게 농약을 사용한다. 대규모 단일 작물 재배로 수자원이 고갈되기도 한다. 이렇게 생산된 파인애플 잎이 과연 친환경적이고 윤리적인지 묻지 않을 수 없다. 그래서 일부에서는 이를 두고 일종의 그린워싱(Greenwashing)[2]이라 주장한다.

물론 아나나스아남은 돌에서만 파인애플 잎을 사지 않는다. 초기에는 필리핀의 소규모 농가로부터 파인애플 잎을 샀다. 그러다 2016년 생산 규모를 확대하면서 돌과 협력하기 시작했다. 지금도 소규모 농가로부터 파인애플 잎을 사지만, 전체 구매량에서 돌이 차지하는 비중이 가장 큰 것으로 보인다.

다음으로, 피나텍스에는 친환경 플라스틱인 폴리젖산(Polylactic acid)이 20% 정도 쓰인다. 폴리젖산은 옥수수 전분으로 만든 생분해성 플라스틱이다. 석유로 만든 플라스틱보다 낫다고 볼 수 있으나, 일정한 조건이 아니면 분해가 잘 안된다.

마지막으로, 히요사의 특허 문제다. 필리핀 선주민들은 이미 몇백 년 전부터 파인애플 잎에서 추출한 섬유로 피나 직물(piña cloth)을 만들어 왔다. 선주민들이 피나 직물을 만드는 과정은 유네스코

---

2 그린워싱은 'green(친환경)'과 'whitewashing(은폐)'의 합성어로, 1986년 환경 운동가 제이 웨스터벨트(Jay Westervelt)가 처음 사용했다. 기업이나 단체가 실제로는 환경에 해로운 활동을 하면서도 친환경적인 이미지를 내세워 소비자를 오도하는 마케팅 전략을 뜻한다.

의 세계문화유산에 지정되었을 정도다. 히요사는 필리핀에서 가죽 산업 컨설턴트로 일하면서 선주민들의 이 방법을 배웠다. 물론 아나나스아남은 피나텍스를 전통적인 방법으로 생산하지 않는다. 전통 방법인 수작업으로 만들려면 비용이 많이 들고 대량 생산이 힘들어서 현대적 화학 처리와 기계적 공정을 도입했다. 이렇게 피나텍스가 나오기까지 필리핀 선주민들의 오랜 노력이 있었지만, 그에 따른 경제적 이익은 아나나스아남을 비롯한 외국 기업들에 돌아간다. 선주민들의 노력에 대한 인정과 보상은 전혀 이루어지지 않는다. 히요사가 현대적 기술로 재해석했다고 해서 전통 지식의 중요성이 사라지는 것은 아닌데 말이다.

주로 서구의 대기업들이 세계 각 지역의 선주민들이 오랜 경험을 통해 쌓아 온 지역 생물에 대한 지식과 유전자원(genetic resources)[3]을 도용해서 독점적 수익을 올리는 것을 '생물해적(Biopiracy) 행위'라 부른다. 다르게는 '과학적 식민주의(scientific colonialism)'의 일부라 말한다. 16세기 이후 서양은 세계 각지에서 물자를 약탈하고 선주민을 탄압하며 자신의 부를 축적했다. 20세기 들어 대부분의 식민지가 독립했지만, 아직도 과학적으로는 서구의 식민지인 측면이 남아 있음을 강조하는 용어다. 유럽과 미국을 비롯한 서양의 과학과 기술은 나머지 세계에 대해 아직도 강력한 지

---

3 유전자원은 실질적 혹은 잠재적 가치를 지닌 유전 물질, 곧 식물, 동물, 미생물, 그 밖의 기원을 가진 물질을 말한다.

배력을 유지한 채 수백만 명을 착취하는 구조 위에 효과적으로 세워진다. 생물해적 행위 또한 이러한 연장선에 있다.

사실 피나텍스는 생물해적 행위 가운데 그나마 정도가 덜한 편이다. 한 예로 아야와스카(Ayahuasca)라는 음료가 있다. '아야'는 현지 케추아어로 영혼 혹은 조상, '와스카'는 덩굴을 뜻한다. 야게(yage)라는 식물의 덩굴줄기에 카크루나(chacruna)라는 관목 식물의 잎을 달여 만드는 환각제로, 아마존 열대우림의 여러 선주민 공동체에서 수천 년 동안 영적 의식, 점술, 심신증 치료에 사용되었다. 불안, 기분 장애 치료에 도움을 주지만 메스꺼움과 구토, 호흡 곤란과 발작 같은 부작용을 일으킬 수 있다.

1986년 미국의 기업인 로렌 밀러(Loren Miller)가 야게의 변종인 다 바인(Da Vine)에 대한 특허를 신청했다. 밀러는 이 식물을 에콰도르의 정원에서 발견했다고 주장했다. 미국특허청이 특허를 인정하자, 아마존 선주민들과 환경 단체는 토착민의 전통 지식을 부당하게 상업화하려는 시도라며 강력하게 반발했다. 아마존유역선주민연합(Coordinadora de las Organizaciones Indígenas de la Cuenca Amazónica, COICA)을 대신해서 국제환경법센터와 아마존연합이 법적 대응을 시작했다. COICA는 이 식물은 새롭게 발견된 것이 아니라 수천 년 동안 알려지고 사용되었다는 증거를 제시했다. 1999년 미국특허청은 특허를 취소했다.

밀러는 즉시 항소를 제기하고 자신의 특허가 특정 변종에 대한 것으로, 기존에 알려진 식물과 구별된다고 주장했다. 2001년 미국 특허청은 밀러의 다 바인 변종이 기존의 야게와 구별된다며 부분적으로 특허를 인정하고 특허의 범위를 특정 식물 변종에 한정했다. 하지만 COICA는 이런 부분적 인정조차 문제가 있다고 주장했다. 이 특허는 2003년 만료되었다.

식물특허란 무엇일까? 새로운 식물을 발견하거나 품종 개량을 통해 신품종을 만든 사람에게 20년간 해당 식물의 무성생식 부분을 생산·사용·판매할 독점적 권리를 주는 것이다. 그런데 아마존 유역의 선주민들이 수천 년간 잘 쓰고 있던 식물에 특허를 준다는 것이 말이 될까? 더구나 앞선 자본력, 미국과 유럽의 특허권에 대한 지식, 그리고 로비력이 필요해 주로 서양의 대기업이 식물특허를 확보하는데 말이다. 다 바인 특허는 생물해적 행위의 대표 사례라 할 수 있다.

또 다른 사례로 바스마티(basmati rice)가 있다. 바스마티는 인도와 파키스탄 북부 지역에서 수천 년간 재배된 고유 쌀 품종이다. 특유의 향과 맛으로 유명하며, 인도와 파키스탄의 주요 수출품이다. 미국 회사 라이스텍은 1997년 바스마티와 비슷한 특성을 가진 쌀 품종 20개에 대한 특허를 출원했다. 라이스텍은 전통적인 바스마티와 다른 품종을 교배해 새로운 품종을 개발했는데, 이것이 바스마티 특유의 성질을 가지면서도 미국 기후 조건에서 잘 자란다고 주장했다. 그리고 품종 개발에 활용한 생명공학 기술은 '혁신'이므로 특허 대상이 될 수 있다면서, 바스마티의 특성이 있으니 이를 인도와 파키스탄 이외의 지역에서 생산해도 '바스마티'란 이름을 쓸 수 있다고 주장했다.

발끈한 인도 농업부가 미국특허청에 재심사를 요청했다. 그러자 라이스텍은 15종에 대해서 자발적으로 특허를 포기했다. 생물해적 행위의 대표적인 사례로 전 세계 언론에서 대대적으로 다루는 등 국제적으로 여론이 나빠졌기 때문이다. 라이스텍은 남은 5개 종에 대해서도 제한된 권리만 인정받았고, '바스마티'란 이름에 대한 독점권은 완전히 철회되었다. 그 뒤 인도는 바스마티에 대한 지리적 표시(Geographical Indication) 태그를 확보했다. 지리적 표시란 쉽게 말해 '기장 멸치'라는 이름을 붙이려면 기장에서 잡은 멸치라야 하고, '안동 사과'라는 이름을 붙이려면 안동에서 재배한 사과라야 한다는 뜻이다.

이런 생물해적 행위는 20세기와 21세기 내내 이어졌다. 오스트레일리아 선주민들이 전통적으로 먹은 카카두플럼(Kakadu Plum), 페루의 전통 식물인 마카(Maca), 브라질 아마존 지역의 아사이베리(Açaí Berry), 심지어 인도 전통 요가 동작에 대한 특허가 신청되었다.

사실 어느 식물이나 동물에 의학적으로 가치 있는 물질이 있는지를 찾기는 매우 어렵다. 그래서 식품 회사나 제약 회사의 연구자들은 보통 각 지역의 선주민들이 사용하는 물질을 먼저 찾는다. 선주민들이 자신에게 유용한 특성을 가진 것을 찾고, 그중에서 가장 적합한 것을 고르고, 어떻게 배합해야 가장 좋으며 어떻게 가공해야하는지를 대를 이어 자기 몸으로 임상 시험한 식물들이다. 그런데이렇게 선주민들이 세대를 거치며 힘들게 수집하고 전수한 식물들은 서양의 자본과 과학자에 의해 '발견'·'발명'되고, 선주민들은 아무런 혜택이나 인정을 받지 못한다. 오히려 특허를 통해 지식의 원래 소유자들, 곧 선주민들은 그 식물을 사용하지 못하게 된다.

생물다양성협약에서 GRATK까지

아무리 서양 위주로 돌아가는 국제사회라도 이런 상황을 그냥 두고 보지만은 않았다. 생물해적 행위가 일어나고 한참 뒤인 1992년 리우 지구정상회의에서 생물다양성협약을 맺었다. 각국의 생물자원에 대한 주권적 권리를 인정하고, 유전자원에 접근하려면 제공국의 사전 승인을 받아야 하고, 유전자원 이용과 이익 공유에 대해 제공국과 이용국 사이에 합의가 필요하고, 토착민과 지역사회의 전통지식을 보호할 필요가 있다는 것이 협약의 핵심 내용이다. 하지만협약의 목표가 너무 광범위하고 추상적이었다. 특히 법적 구속력이약해 자발성에 의존했다. 자발성에 의존한다는 것은 사실 있으나마나 하다는 뜻이다. 게다가 가장 중요한 나라인 미국이 비준하지않았다.

그래서 2010년 나고야의정서를 다시 채택했다. '생물다양성협약부속 유전자원에 대한 접근 및 그 이용으로부터 발생하는 이익의 공정하고 공평한 공유에 관한 나고야 의정서'라는 아주 긴 이름을 가진 이 의정서는 생물다양성협약의 목적 중 유전자원을 이용하면서 발생하는 이익의 공정하고 공평한 공유를 구체화했다. 작은 진전이었다.

하지만 나고야의정서도 발효 이전에 일어난 일에 대해서는 적용 여부가 모호했다. 게다가 개발도상국과 선진국 간의 불평등한 협상력 때문에 공정한 이익 공유가 어려웠다. 가장 중요하게는 유전자원을 상품화하고 시장 논리에 따라 거래하도록 했다. 과연 열대우림의 광대한 생태계와 자원을 자본주의적 시장 논리에 따라 거래할 수 있는가에 대한 근본적 의문을 가질 수밖에 없었다.

2023년 중요한 진전이 일어났다. 국제해양조약(High Seas Treaty)[4]은 영어 이름에서 드러나듯이 어느 나라의 바다도 아닌 공해(high seas)에 관한 조약이다. 그래서 '공해협약'이라고도 부른다. 지구 바다의 2/3는 공해다. 아무의 바다가 아니니 누구든 이용할 수 있고, 그래서 남획이 일어나기도 한다. 공해 생물의 다양성을 유지하면서 지속적으로 이용할 수 있게 하는 것이 협약의 목적이다. 공해상에 해양보호구역을 지정할 수 있는 법적 근거를 마련하고, 공해의 활동에 대한 환경영향평가를 의무화하고, 그곳에 사는 생물의 유전자를 이용해서 발생하는 이익을 공유할 수 있도록 하고, 개발도상국

---

[4] 정식 명칭은 '국가 관할권 이월 지역의 해양 생물 다양성 보전 및 지속 가능한 이용에 관한 협정(Agreement on Marine Biodiversity of Areas beyond National Jurisdiction)'이다.

이 해양 연구 및 보존 능력을 강화할 수 있도록 지원하는 것이 핵심 내용이다.

이 조약에서는 보호구역을 지정하는 문제가 가장 중요하다. 그런데 보호구역을 지정하더라도 공해가 워낙 넓어서 제대로 조사하고 관리하기가 쉽지 않다. 여기에 대한 규제가 강력하지 않다는 비판이 있다. 이 조약이 발효되려면 60개국의 비준이 필요한데, 비준하지 않은 나라들이 있어 아직 발효되지 않았다.

2024년에는 GRATK[5]가 나왔다. 앞서 제기한 생물해적 행위를 방지하고 유전자원 및 관련 전통 지식의 지적재산권을 보호하는 것이 주된 목적이다. 특허를 출원할 때 유전자원 및 관련 전통 지식의 출처 공개를 의무화하고, 유전자원 및 전통 지식에 대한 국제 데이터베이스를 구축하고, 앞선 나고야의정서를 지적재산권 체계에 통합하고, 유전자원 및 전통 지식 관련 지적재산권 분쟁에 대한 해결 절차를 마련하는 것이 핵심 내용이다. 2025년 발효될 것으로 보인다.

문제는 이 조약에 가입한 나라들이 아프리카와 중남미 국가를 제외하면 별로 없다는 것이다. 미국, 일본, 한국, 유럽의 중요한 나라들 어디도 가입하지 않았다. 이래서는 발효가 되어도 제대로 이행되기 어렵다. 더불어, 근본적으로 시장 논리에 따라 전통 지식을 상품화

---

5 정식 명칭은 '지적재산권, 유전자원 및 관련 전통 지식에 관한 세계지식재산권기구 조약(The WIPO Treaty on Intellectual Property, Genetic Resources and Associated Traditional Knowledge)'이다.

할 뿐이라는 지적이 있다. 이 조약에 과거의 생물해적 행위에 대한
보상과 시정은 없다.

큐왕립식물원: 19세기 박물학

영국 런던 남서부 리치먼드에 있는 큐왕립식물원은 36만 평
(1,190,082m²)에 무려 5만여 종의 식물이 있는 세계적인 식물원이
다. 런던을 방문한다면 한번 둘러볼 만한 곳으로, 식물학의 중심 중
하나다. 열대 식물들이 자라는 팜하우스, 온대기후 식물들이 있는
템플릿하우스, 10개의 다른 기후대 식물이 있는 프린세스오브웨일
스컨서버토리 등이 유명하다. 하지만 일반 관광객은 잘 가지 않는,
약 700만 종의 식물 표본을 보유한 큐식물표본관과 세계 최대의 야
생 식물 종자를 보존하고 있는 밀레니엄시드뱅크는 큐왕립식물원
의 또 다른 존재 의미다.

　약 700만 종의 표본이 있는 큐식물표본관은 놀랍게도 세계 최대
가 아니다. 세계에서 가장 규모가 큰 곳은 프랑스의 국립자연사박
물관, 그다음은 미국의 뉴욕식물원과 러시아의 코마로프식물원이
고 큐식물원이 네 번째다. 미국 미주리식물원, 스위스식물원, 네덜
란드 라이덴국립식물표본관, 미국 하버드대학교 그레이식물표본
관 등이 그 뒤를 잇는다. 20위까지 모두 미국과 유럽의 표본관들이
다. 중국의 국립식물표본관이 21위이고 인도네시아와 인도가 24
위, 25위를 차지한다.

예전부터 선진국이었던 나라들이 규모에서 당연히 앞다투어야 하지 않냐고 생각할 수 있다. 하지만 이곳들의 식물 표본이 어디에서 어떻게 왔는지를 알면 생각이 달라진다. 영국의 큐식물원과 프랑스의 국립자연사박물관은 17~18세기에 시작되었지만, 본격적으로 표본을 수집하고 분류하기 시작했을 때는 19세기다. 다른 식물원들도 대부분 19세기에 만들어졌다. 이렇게 유럽과 미국의 식물원들이 19세기에 앞다투어 만들어져 본격적으로 운영된 것은 제국주의와 깊은 관련이 있다.

　영국의 큐왕립식물원은 열대우림에서 수집한 식물이 큰 비중을 차지한다. 프랑스 국립자연사박물관도 비슷하다. 큐왕립식물원은 지금도 매년 2만여 개의 표본을 수집 목록에 추가하고 있다. 전 세계의 식물 표본관들과 서로 교환하는 여분이 3/4 정도 차지하고, 나머지 5,000종 정도를 큐식물원 직원들과 협력자들이 수집한다. 그래도 700만 종의 표본을 만들기란 쉽지 않다. 이런 속도라면 무려 350년 정도가 필요하다. 예전에는 지금보다 훨씬 많은 표본을 모았다는 뜻으로, 여기에는 19세기 박물학자들의 피나는 노력이 있었다.

　19세기에는 식물학자, 동물학자, 인류학자 등을 엄격히 구분하지 않았다. 한 사람이 식물도 연구하고 동물도 연구했다. 또한 인종에 대해서 살피고 해류나 기상을 관측했다. 이런 과학자들을 박물학자라고 불렀다. 18세기에서 20세기 초까지 박물학자들은 과학의 최전선에서 많은 성과를 거뒀다. 다양한 암석을 수집하고 그 암석이 어떤 광물로 이루어졌는지 알아냈다. 다양한 식물과 동물의 표본을 수집하고 그들이 어디에 속하는지 정했다. 태평양, 대서양, 인도양의 해류 속도와 방향을 측정했고, 바닷물에 염분의 양이 어떤지, 바닷물은 어떤 종류의 물질로 구성되어 있는지를 살폈다. 아마존의 정글을 누볐고, 안데스산맥과 히말라야산맥을 올랐으며, 사하라사막, 칼라하리사막, 모하비사막을 걸었다.

이런 박물학자들의 노력으로 박물학은 식물학, 동물학, 지질학, 지리학, 기상학, 해양학 등 세부 학문으로 정립되고 발전했다. 알렉산더 폰 훔볼트(Friedrich Wilhelm Heinrich Alexander Freiherr von Humboldt), 찰스 다윈(Charles Robert Darwin), 앨프리드 러셀 월리스(Alfred Russel Wallace), 존 제임스 오듀본(John James Audubon), 메리 애닝(Mary Anning), 리처드 오언(Richard Owen), 아사 그레이(Asa Gray) 등 수많은 박물학자가 충분히 경의받을 만한 업적을 이루었다.

그런데 여기서 하나 의문이 떠오른다. 과연 박물학자들의 성과는 오로지 그들의 노력으로만 이루어졌을까? 가령 영국의 박물학자이자 싱가포르식물원 원장인 아이작 헨리 버킬(Isaac Henry Burkill)은 20세기 초 영국령 인도와 말레이반도에서 연구 활동을 벌였다. 말레이반도에서 그는 과연 혼자 탐험했을까? 지리를 전혀 모르고 식물이나 동물도 완전히 낯설었을 텐데 말이다. 당연히 현지인이 동행했을 것이다. 그러면 동행인이 단지 길 안내만 했을까? 이 나무의 잎은 어떻게 쓰고 꽃은 언제 피며 열매는 어디에 사용하는지, 저 등에 줄무늬가 있는 쥐처럼 생긴 녀석은 주로 언제 어디서 나타나며 무얼 먹는지, 머리에 빨간 볏이 돋은 저 새는 어디에 알을 낳고 새끼를 누가 돌보는지 등 선조로부터 내려온, 그리고 자기가 확인한 여러 지식을 알려 주었을 것이다. 그리고 잎이며 뿌리, 꽃, 열매, 알 등을 모으는 일을 했을 것이다.

이렇게 그 지역 선주민들이 가지고 있던 지식과 그 지역의 표본은 서양의 박물학사들에게 전달되었고, 박물학자들은 그 지식을 서양 과학의 틀에 맞춰 정리하고 분류했다. 물론 그 노력을 저평가할 필요는 없지만, 선주민들에게 힘입은 바가 컸다. 그러나 박물학자와 함께 탐험한 이들의 이름은 어디에서도 찾을 수 없다. 그저 고용된 사람, 일행일 뿐이었다.

또 하나, '서양'에서 새로 발견한 종에 학명을 지을 때도 현지에서 뭐라고 부르는지보다 자기들 마음대로인 경우가 많았다. 가령 말라리아 치료제로 쓰이는 퀴닌(Quinine)은 남아메리카 안데스산맥이 원산지인 식물에서 추출된다. 현지인들은 이를 키나(Quina)라 부르지만, 학명은 신초나 오피시날리스(Cinchona officinalis)다. 신초나는 17세기 스페인 백작 부인의 이름에서 따왔다. 또 빅토리아 수련(Victoria Water Lily)은 아마존강 유역에서 발견된다. 현지인들은 이루페(Irupe)라 부르지만, 학명은 빅토리아 아마조니카(Victoria amazonica)다. 영국 빅토리아 여왕의 이름에서 따왔다. 썩은 냄새로 유명한 라플레시아(Rafflesia)는 인도네시아의 수마트라섬이 자생지다. 현지인들은 커루붓(Kerubut)이라 부르지만, 학명은 라플레시아 아놀디(Rafflesia arnoldii)다. 당시 영국 식민지 총독과 식물학자 이름에서 하나씩 따서 지었다. 이런 사례는 한둘이 아니다. 오히려 현지에서 부르는 이름을 그대로 쓴 사례가 드물 정도다. 주로 유럽의 탐험가, 학자, 왕족, 귀족의 이름을 붙이거나 생물의 형태와 장소를 반영하는 식이었다.

비슷한 사례를 산에서도 확인할 수 있다. 에베레스트를 처음 등정한 사람을 흔히 에드먼드 힐러리(Edmund Persival Hillary)라 말한다. 그런데 힐러리는 혼자 오르지 않았다. 네팔 셰르파족의 텐징 노르가이(Tenzing Norgay)와 함께 올랐다. 만약 노르가이가 아니었다면 힐러리는 오르지 못했을 가능성이 크다. 무거운 짐을 노르가이가 들고 길을 안내했다. 그러나 노르가이의 이름이 함께 언급된 것은 20세기 후반에 이르러서다. 처음에는 오로지 힐러리만 거론되었다.

그리고, 과연 네팔 셰르파족 사람 중 에베레스트를 힐러리보다 먼저 오른 이가 없었을까? 셰르파족의 구전에 따르면 에베레스트를 올랐다는 이야기가 꽤 등장한다. 또한 사람들은 이 산을 이 지역 사람들이 원래 부르던 '초모룽마'가 아니라 자기들이 멋대로 지은 '에베레스트'라 불렀다. 서양 박물학자들의 '발견'은 자기네만의 '최초'인 경우가 꽤 많다. 오히려 '재발견', '서양에서의 첫 발견' 정도가 적당하다.

이렇게 현지인들의 지식과 도움으로 확보한 식민지에 관한 연구는 영국 제국의 과학 네트워크를 통해 중앙화되었다. 모든 연구는 영국으로 모이고 그곳에서 정리되었다. 프랑스든 미국이든 마찬가지였다. 제국들이 식민지로부터 수집한 정보는 서구 과학계에 공유되며 서양의 과학이 되었다.

고무: 박물학과 제국주의

요즘 타이어는 대부분 인조고무로 만들어진다. 트럭에는 천연고무로 만든 타이어를 일부 쓴다. 천연고무는 고무나무의 수액을 굳혀서 만드는데, 아마존 유역에 살던 이들이 예전부터 이렇게 만든 고무를 사용했다. 1936년 샤를 마리 드 라 콩다민(Charles Marie de La Condamine)이 서양인으로는 처음으로 천연고무를 발견했다. 마야문명에서 기원전 1,600년쯤에 고무공을 사용했다는 기록이 있다. 마야의 후손들이 고무 수액의 특성과 용도를 콩다민에게 알려줬다.

천연고무를 산업에 활용하기 시작한 것은 19세기 찰스 굿이어(Charles Goodyear)가 고무 수액에 황을 넣어 굳히는 공정을 개발하면서부터였다. 황을 넣었더니 높은 온도에서도 형태를 잘 유지했고, 탄력과 복원력이 좋아졌다. 더구나 잘 닳지 않고 기름 등에 녹지 않았다. 산업화에 성공하자 고무는 자동차 타이어, 벨트, 호스, 전선의 절연체 등 다양한 부문에 사용되었다. 수요가 엄청나게 늘어나면서 고무 제품 제조업이 새로운 산업 분야로 떠올랐다. 물론 제국주의 본국에서의 일이었다.

고무 수요가 늘어났지만, 당시 브라질 말고는 고무나무가 없었다. 19세기 초에 포르투갈에서 독립한 브라질은 고무나무의 반출을 금지했다. 19세기 내내 브라질은 세계 고무 생산의 중심지였다. 브라질에서는 이 시기를 '고무 황금기'라 불렀다. 이때 야생 고무나무에서 고무를 채취하는 노동자를 '고무채취기(세린게이로)'라 했는데, 이들은 빚으로 묶어 두는 착취 시스템인 아비아멘토(Aviamento)의 희생자였다. 일은 세린게이로(Seringueiro)가 하고, 돈은 이들에게 빚을 지게 한 상인과 수출업자가 벌었다.

이때 문익점처럼 행동한 영국의 박물학자가 있었다. 문익점은 붓 안에 목화씨 몇 개를 숨겨 왔지만, 영국의 식물 수집가이자 모험가인 헨리 위컴(Henry Alexander Wickham)은 무려 7만여 개의 고무나무 씨앗을 모았다. 영국 큐왕립식물원의 조셉 후커(Joseph Dalton Hooker) 원장이 뒷배가 되어, 위컴이 수집한 고무나무 씨앗을 식물학자들이 큐왕립식물원에서 열심히 기르게 했다. 이렇게 만든 묘목 2,800그루가 스리랑카로 보내졌고, 뒤이어 싱가포르, 말레이시아 등 영국의 다른 식민지로도 보내졌다. 기본적으로 열대우림에서 자라는 식물이라서 영국의 식민지 중 열대우림이 있는 곳으로 보낸 것이다.

하지만 고무나무 재배는 쉽지 않았다. 열대우림이라도 환경이 달랐기 때문이다. 현지에서 식물학자들은 고무나무가 새로운 환경에 적응할 수 있도록 품종을 개량하고 병해충 관련 연구를 계속했다. 이런 노력에 힘입어 1890년대부터 동남아시아에 고무 플랜테이션 (Plantation)이 급속히 늘어났다. 주로 열대우림 지역에 많은 '플랜테이션'은 한 가지 작물을 대규모로 재배하는 농장을 가리킨다. 베트남을 비롯한 인도차이나반도, 말레이시아, 인도네시아, 스리랑카 등에 플랜테이션이 우후죽순으로 들어섰다. 20세기 초가 되자 다른 유럽 국가들도 고무 플랜테이션을 시작했다. 라이베리아, 나이지리아 등 아프리카에 고무 플랜테이션이 만들어졌다.

고무나무가 잘 자랄 땅이라면 다른 식물도 잘 자란다. 따라서 플랜테이션이 들어선 장소는 이전에 선주민의 거주지, 농경지, 열대우림이었다. 집이며 논이며, 세계에서 가장 풍부한 생물 다양성을 자랑하던 열대우림이 사라졌다. 손수 지은 집에 살며 가족이 먹을 쌀을 재배하고, 과일과 꿀을 채취하고, 대나무로 다양한 생활용품을 만들어 자급자족에 가까운 생활을 하던 현지인들은 어떻게 되었을까? 그들은 삶의 터전을 빼앗기고 고무 플랜테이션의 노동자가 되었다. 자신의 땅에 유배당한 사람들이 되어 버렸다.

현지인들은 새롭게 임금노동에 의지했지만, 긴 노동시간, 낮은 임금, 위험한 작업환경으로 생활이 쉽지 않았다. 남녀 구분 없이 플랜테이션에서 일했고, 아이들도 동원되었다. 산업혁명 초기에 영국에서 성행한 아동노동이 19세기 식민지에서 되풀이되었다. 하지만 이들로는 부족해 노동력을 외부에서 들여와야 했다. 인도와 중국에서 많은 사람들이 플랜테이션 노동자로 왔다. 지금 말레이시아, 싱가포르, 인도네시아 등에 화교와 인도인 비율이 높은 원인 중 하나다. 현지인이든 외지인이든 고무 플랜테이션 노동자의 삶은 비참했다.

"아, 고무로 가는 건 쉽지만, 돌아오는 건 어렵구나. 남자들은 시체를 남기고 여자들은 유령으로 떠난다." 당시 베트남 고무 플랜테이션 노동자들이 부른 노래다. 고무 플랜테이션에서 일하던 쩐 투 빈(Tran Tu Binh)[6]은 노동자들의 삶을 이렇게 표현했다. "매일 한 사람이 조금 더 닳고, 볼이 꺼지고, 이가 비뚤어지고, 눈은 움푹 들어가고, 눈 주위에는 검은 고리가 생기고, 옷은 쇄골에 걸려 있었습니다. 모두가 거의 죽은 것처럼 보였고, 사실 결국 거의 모두 죽었습니다."[7] 결정적으로 말라리아와 풍토병이 만연했으나 의료 지원은 거의 없었다. 당시 노동자가 700명 이상인 20개 대규모 농장 중 11곳의 자료에 따르면, 연간 사망률이 12~47%였다.

저항이 없을 수 없었다. 노동자들은 농장과 저택을 점거하고 파업을 전개했다. 이들은 당시 식민지 대규모 노동 투쟁의 첫 주자였다. 말레이시아 조호르에서 1927년 중국 노동자들이 파업을 일으

---

[6] 1930년 푸리엥 고무 노동자 운동의 지도자이며 베트남민주공화국의 최초 장군 중 한 명이다.

[7] 노동자들의 노래와 쩐 투 빈의 말은 다음 사이트에서 인용했다. https://saigoneer.com/saigon-culture/17206-the-harrowing-history-of-vietnam-s-rubber-plantations

켰고, 베트남 푸꾸옥에서 1930년 파업이 일어났다. 인도네시아 북부 수마트라에서도 파업이 일어났다. 커다란 파업만 해도 이렇다. 사소한 파업, 도주, 태업이 이어졌다. 하지만 대부분의 저항은 실패하고 무자비한 탄압을 받았다. 가끔 일본의 식민지 탄압을 이야기하면서 "서양 사람들은 그에 비하면 양반이었다"라고 하는데, 실제 이들이 벌인 일을 보면 그런 말을 할 수 없다.

플랜테이션 노동은 고무에서 끝나지도, 독립을 통해 끝나지도 않았다. 스리랑카에서 차, 말레이시아에서 팜유, 인도네시아에서 사탕수수, 베트남에서 커피, 필리핀에서 아바카(마닐라삼)·바나나·담배가 대규모로 재배되었다. 그리고 미국 남부와 서인도제도, 중남미에 대규모 플랜테이션이 들어섰다. 이런 플랜테이션은 제국의 이해에 따라 이루어졌다.

스리랑카의 대규모 차 재배는 고무와 사정이 비슷했다. 당시 영국의 홍차 수요가 급격히 늘어나자, 거의 100% 인도와 중국에서 홍차를 수입하던 영국은 대책을 세워야 했다. 이번에도 식물학자들이 활약했다. 스리랑카의 자연환경이 차 재배에 적합하다는 사실에 주목한 영국의 식물학자들은 1820년대부터 인도와 중국의 차를 들여와 재배하기 시작했다.

40년 만에 스코틀랜드 출신 식물학자 제임스 테일러(James Taylor)가 인도 앗삼의 차를 들여와 본격적인 재배에 성공했다. 영국은 스리랑카 현지인들의 토지를 강제로 수용하고 스리랑카인들을 차 플랜테이션의 저임금 노동자로 활용했다. 고무 플랜테이션과 마찬가지로 인력이 부족해지자 인도인들을 데려왔다. 지금도 스리랑카의 주요 문제 중 하나가 스리랑카 선주민들과 인도 출신 사람들 사이의 갈등인데, 그 시작이 차 플랜테이션이었다. 면화, 사탕수수, 담배, 바나나도 마찬가지 상황에 부닥쳤다.

식민지가 독립했다고 상황은 바뀌지 않았다. 플랜테이션의 소유권이 국유화되거나 현지인으로 바뀌었고, 일부는 다국적 기업이 여전히 소유권을 유지했다. 토지를 강제로 수용당한 이들에 대한 보상은 거의 이루어지지 않았다. 노동조건과 임금은 식민지 시절보다 조금 나아졌지만, 예상하듯이 여전히 열악했다. 텔레비전 프로그램 〈세계의 극한직업〉에 등장하는 팜유 농장, 차 농장, 코코넛 농장, 고무 농장에서 일하는 노동자들의 모습을 통해 미루어 짐작할 수 있다.

농장 노동자들의 저항은 계속되고 있다. 플랜테이션이 계속 커지면서 열대우림은 파괴되고 생물 다양성은 감소하고 있다. 단일 작물만 재배하니, 국제 상품 가격의 변동에 따라 현지 노동자의 소득에 변동이 심하다. 이렇게 제국주의가 식민지에 남긴 상처는 100여 년이 지난 지금도 여전하다. 당시 제국주의 정책에 협조했던 박물학자들도 그 책임의 일부를 마땅히 져야 한다.

2
의학과 제국주의
생체 실험의 대상이 된 약자들

미국 질병통제예방센터와 런던위생열대의학대학원

우리나라에서 예전부터 사람들을 위협하는 감염병 중 하나가 학질, 곧 말라리아였다. 많은 사람이 말라리아를 열대 지역에서 유행하는 풍토병이라 생각하지만, 기록을 보면 우리나라에도 말라리아가 여름마다 유행했다. 해방 뒤 남한 지역에서는 말라리아모기 퇴치에 성공해서 이제는 거의 걸릴 일이 없다. 하지만 북한 지역에서는 말라리아모기를 퇴치하지 못해 지금도 휴전선과 인접한 남쪽 지역, 곧 경기 북부 지역을 중심으로 여름이면 말라리아가 유행한다. 북한은 2012년 세계보건기구 집계로 2만여 명이 감염될 정도의 위험 지역이다. 2008~2011년 남북한 공동 협력을 통한 말라리아 퇴치 사업으로 북한의 말라리아 감염이 이전의 10% 수준인 2,000여 명으로 줄어들었다가, 2017년 이후 공동 사업이 중단되면서 다시 늘어나고 있다. 경기 북부 지역 말라리아 감염자가 늘어났고, 2024년에는 서울에서 말라리아 환자가 발생했다. 기후 위기에 따른 기온 상승이 이를 부추기고 있다.

말라리아를 비롯한 많은 감염병이 열대 지역을 중심으로 퍼지는 원인 중 하나는 높은 기온이다. 많은 감염병의 매개체 역할을 하는 곤충은 따뜻한 날씨를 좋아한다. 더구나 열대우림 지역에는 종 다양성이 크다. 쉽게 말해서 생물의 종류가 아주 많다. 그러니 감염병 종류도 많을 수밖에 없다. 말라리아, 뎅기열, 지카바이러스, 황열병, 샤가스병, 아프리카수면병, 주혈흡충증, 림프사상충증, 콜레라, 장티푸스, 에볼라, 라싸열, 메디나충증, 브루셀라증 등이 있고, 열대 지역에만 있는 것은 아니지만 열대 지역을 중심으로 발병률이 높은 일본뇌염, 광견병, 한센병 등이 있다.

이런 열대병 연구에 대한 가장 권위 있는 기관으로 미국 질병통제예방센터, 런던위생열대의학대학원, 리버풀열대의학대학, 스위스열대공중보건연구소, 네덜란드 왕립열대연구소, 프랑스 파스퇴르연구소 등이 꼽힌다. 열대 지역 감염병 관련 뉴스를 살펴보면 이 기관 중 미국 질병통제예방센터와 런던위생열대의학대학원이 가장 자주 등장한다. 미국이야 자국 영토 제일 아래쪽인 플로리다와 자치령인 푸에르토리코 등이 열대우림 지역이니 그렇다 하더라도 영국, 프랑스, 네덜란드, 스위스 등이 열대의학 연구의 최전선에 있는 것은 의외일 수 있다. 다 이유가 있다. 이들 나라의 열대병 연구소는 대부분 제국주의와 연관이 깊다.

이는 설립 연도에서 나타난다. 영국 리버풀열대의학대학은 1898년, 런던위생열대의학대학원은 1899년, 프랑스 파스퇴르연구소는 1887년, 네덜란드 왕립열대연구소는 1906년 등 한창 제국주의가 기승을 부릴 때 설립되었다. 그 밖에 독일 베르나르트노흐트열대의학연구소, 포르투갈 열대의학연구소, 벨기에 열대의학연구소도 비슷한 시기에 생겼다. 다른 연구소들과 달리 스위스열대공중보건연구소만 1943년에 설립되었는데, 스위스가 노바티스, 로슈 등 글로벌 제약 회사의 본거지이고, 세계보건기구 및 적십자 등의 본부이며, 영세중립국이기 때문이었다.

이들 나라에 열대병 연구소가 생긴 이유는 무엇일까? 19세기 초까지만 하더라도 대부분의 식민지는 중남미에 몰려 있었다. 포르투갈의 브라질을 제외하면 대부분 스페인 식민지였다. 그리고 아프리카와 아시아 지역은 해안을 따라 부분적으로 식민지였다. 하지만 19세기 중후반에 아프리카 대부분과 인도, 동남아시아, 중동 일부로까지 식민지가 확대되었다. 당시 영국, 프랑스, 네덜란드, 벨기에, 독일, 이탈리아, 미국, 일본 등의 제국주의가 가장 크게 영토를 확장했다.

이처럼 19세기 중후반에 식민지를 장악하기 위한 정복 전쟁과 제국주의 국가 간의 전쟁이 치열하게 전개되었다. 제국들은 식민지를 장악하고 유지하기 위해 식민지에 군대를 보내고 플랜테이션 농장을 경영하는 기업가와 관리직을 파견했다. 식민지에 거주하는 본국인이 계속 늘어났다. 그러면서 식민지와 본국이 경제적으로 더욱 긴밀해졌고, 식민지와 교류가 이전보다 활발해졌다.

예를 들어 영국은 섬유 산업이 발달하면서 인도에서 면화를 수입하기 시작했다. 그런데 인도의 면화만으로 수요를 충당하지 못해 미국 남부와 카리브해의 플랜테이션에서 면화를 수입했다. 그리고 본국에서 만든 면직물을 미국과 아프리카, 인도, 동남아시아 등 자국의 식민지에 판매했다. 스리랑카에서 차가 왔고, 말레이시아와 인도네시아에서 고무가 왔다. 영국의 항구에서는 날마다 식민지로 가는 배가 출항했고, 식민지에서 오는 배가 입항했다. 사정은 프랑스와 네덜란드 등 비교적 일찍 식민지 건설에 열을 올리던 나라나 뒤늦게 식민지 쟁탈전에 뛰어든 독일, 이탈리아라고 다르지 않았다.

그러자 유럽에서 겪어 보지 못한 열대 지역 풍토병이 유럽인을 위협했다. 식민지로 파견 간 병사들과 관리자들이 말라리아에 걸리고 콜레라로 죽는 등 생고생했다. 식민지에서 유행하는 열대병에 대한 대처가 중요해졌다. 이들 나라가 열대병 연구소를 설립한 이유는 식민지의 자국 군대와 자국민을 보호하기 위해서였다.

이들 연구소의 학문적 성과는 꽤 컸다. 자국민을 위한 연구라 하더라도, 그 성과가 식민지 사람들에게 돌아가지 않는 것은 아니었으니 그 성과까지 폄훼할 필요는 없다. 이들은 말라리아와 황열병 등이 모기를 통해 전파된다는 사실을 밝히고 모기 혈액 속 말라리아 병원균의 염색법을 개발했다. 그리고 퀴닌을 사용해서 말라리아를 치료하는 방법을 만들고 모기장과 살충제 등을 사용해 예방하는 방법을 마련했다. 또 콜레라, 한센병 등의 병원체를 확인하고 전파 경로를 규명했다. 그 밖에도 수면병이나 페스트 등에서도 큰 진전이 있었다.

〈경성크리처〉

2024년 드라마 〈경성크리처〉가 방영되었다. 일제강점기를 배경으로 괴물(크리처)이 등장한다. 이 괴물은 일본군의 생체 실험 과정에서 만들어지는데, 아마 '731부대'에서 모티프를 얻었을 것이다. 731부대는 2차 세계대전 때 인간을 대상으로 한 인체 실험을 포함한 각종 생화학무기 개발을 주요 업무로 하던 일본 육군 소속 부대다. 인체 실험 대상을 통나무란 뜻의 '마루타(まるた)'라 불렀는데, 주로 중국인 포로와 소수의 한국인, 미국인, 러시아인, 몽골인 등이 그 대상이었다. 관련 다큐멘터리를 보면 이들은 인간으로서 할 수 없는 짓을 벌였다.

이렇게 사람을 대상으로 한 실험이 일본에서만 있었을까? 731부대 정도로 잔악한 행위는 없었지만, 제국주의 시절에 다른 나라에서도 인체를 대상으로 한 실험을 꽤 했다. 앞서 말한 열대병 연구소들이 직접, 또는 관련한 사람들이 주로 자행했다. 물론 목적은 열대병 예방과 치료였다.

요사이 새로운 약물을 실험할 때는 몇 가지 단계를 거친다. 먼저 동물실험을 한다. 흔히 실험용 쥐에다 투여해 효과가 나타나고 부작용이 없거나 아주 드물면 다시 원숭이로 실험을 진행한다. 여기서도 효과가 좋고 부작용이 거의 없으면 다음으로 사람에게 실험한다. 이를 전임상 단계라 한다. 그다음 임상1상을 100명 미만의 건강한 지원자를 대상으로 진행한다. 안전성 및 부작용을 평가하고 어느 정도 용량을 투여할지 살핀다. 다시 소규모 환자를 대상으로 임상2상을 진행해 효능을 평가하고 부작용을 확인한다. 여기까지 문제가 없으면 마지막으로 임상3상을 대규모 환자군을 대상으로 진행한다. 1~4년 동안 부작용이 없는지 확인하고 효능을 살핀다. 이렇게 여러 단계를 거치므로 임상에만 최소한 5년 이상 걸릴 때가 많다. 임상 시험에 참여하는 사람들에게 사전 동의를 받는 절차는 필수다.

하지만 제국주의 시절에는 이런 과정이 없었다. 제국주의자들은 주로 식민지 주민들을 대상으로 그들의 동의 없이 임상 시험을 진행했다. 1930년대 나이지리아에서 이루어진 황열병 백신 실험이 대표적이었다. 사람들에게 실험의 목적과 위험성을 알리지 않기도 했다. 1950년대 우간다에서 진행된 소아마비 백신 실험이 대표적이었다. 동물실험을 통해 안정성을 확인하지 않고 인체 실험을 하기도 했다. 1900년대 콩고에서 수면병 치료제인 아톡실을 투여받은 많은 사람이 심각한 부작용에 시달렸다. 질병을 연구한다며 환자들을 강제로 격리하기도 했다. 19세기에서 20세기 초까지 하와 이에서는 한센병 환자들을 강제로 격리했다.

이렇게 오로지 목적만을 위한 임상 시험, 곧 사실상의 생체 실험 은 본국의 국민을 대상으로 하지 않았다. 식민지 사람들, 그중에서 도 취약 계층을 대상으로 삼았다. 교도소에 갇힌 사람이나 정신질 환자, 고아 등이 주요 대상이었다. 쉽게 말해 부작용이 생길 가능성 이 높은 실험이므로, 저항하기 힘들고 말이 새지 않을 사람을 고른 것이다. 1950년 말레이시아에서 정신병원 환자들을 대상으로 한 말라리아 실험, 케냐에서 마우마우 반란 시기 수용소에 갇힌 케냐 인들을 대상으로 한 '강제 노동 및 영양실조가 인체에 미치는 영향 연구'가 대표적이었다. 또 케냐에서는 일부 수감자에게 부작용이 확인되지 않은 실험적인 약물을 투여했다. 이 시기 식민지 민중은 지금의 동물과 비슷한 전임상 단계를 맡았다.

나치는 가장 야만적이었다. 아우슈비츠와 다하우를 비롯한 강제 수용소에서 유대인, 집시, 폴란드인 등을 대상으로 잔악한 생체실 험이 진행되었다. 대표적으로 요제프 멩겔레(Josef Rudolf Mengele) 는 쌍둥이 연구라는 명목으로 수천 명의 쌍둥이 아이를 대상으로 실험을 진행했다. 고의로 질병을 감염시킨 뒤 한 명은 치료하고 다 른 한 명은 대조군으로 내버려뒀다. 이들 대부분은 사망했다. 그리 고 공군을 위한 연구라며 수감자들을 극저온과 고압 환경에 노출하 는 실험을 진행하고 우생학적 목적으로 불임 실험과 강제 멸균 실험을 자행했다. 또 일부러 낸 상처에 유리, 나무, 녹슨 못 등을 넣어 감염시킨 뒤 다양한 약물을 시험하고, 생존 한계를 시험한다며 극한의 환경에 사람들을 노출했다.

생체 실험의 당사자인 유럽인들은 나치에 치를 떨었다. 이들은 2차 세계대전에 대한 군사재판이 진행된 뉘른베르크에서 1947년 과학자들의 연구 윤리 기준을 만들었는데, 이것이 바로 뉘른베르크강령이다. 인체 실험에는 대상자의 충분한 정보에 근거한 자발적 동의가 절대적으로 필요하다는 것이 강령의 첫 번째 내용이다. 그리고 인체 실험은 다른 방법이나 수단으로는 얻을 수 없는 가치 있는 결과를 낼 만한 것이어야지 무작위로 행하면 안 된다는 것, 동물실험 결과 등 사전에 충분히 조사한 뒤에 해야 한다는 것, 사망이나 불구를 초래한다고 예견될 때는 연구진 자신도 피실험자로 참여하는 경우를 제외하고는 시행해서는 안 된다는 것 등이 뒤를 잇는다.

그 뒤 뉘른베르크강령으로도 부족하다고 생각한 사람들은 1964년 세계의사협회 총회에서 헬싱키선언[8]을 발표했다. 헬싱키선언은 그 뒤 여러 번 개정되며 전 세계 각 대학의 연구윤리위원회 강령에 반영되었다.

그러나 이 선언에 반하는 실험은 계속 이어졌다. 모두 열대병 연구소들에서 한 실험은 아니었지만, 서양인들이 아프리카나 동남아

---

8 정식 명칭은 '사람을 대상으로 한 의학 연구에 대한 윤리적 원칙(Ethical Principles for Medical Research Involving Human Subjects)'이다.

시아, 중남미 등지에서 시행한 실험들이었다. 1996년 다국적 제약 회사 화이자는 나이지리아에서 어린이들을 대상으로 뇌막염 치료 제 임상 시험을 진행했다. 제대로 동의받지 않고 한 실험이었다. 뇌 막염에 걸린 어린이 200명을 선정해 100명에게는 회사가 개발한 트로반이란 항생제, 다른 100명에게는 이미 승인받아 광범위하게 사용되던 세프트리악손이란 항생제를 투여했다. 이 과정에서 일부 어린이가 권장량보다 낮은 용량을 투여받아 11명의 아이가 죽고, 다 수가 뇌 손상 및 말더듬증에 걸렸다. 트로반은 간 독성에 대한 우려로 유럽에서 면허가 철회되었다. 화이자는 사망한 어린이들의 부모들에 게 각각 17만5,000달러를 보상했고, 해당 지역에 대한 건강 프로젝 트 후원과 보상을 위해 3,500만 달러의 기금을 마련하기로 했다.

2차 세계대전 뒤 생체 실험이 가장 빈번했던 나라는 미국이다. 터 스키기 매독 생체 실험이 대표적이었다. 1932년에서 1972년까지 무려 40여 년간 미국 앨라배마주 터스키기에서 벌어진 정부 주도 실험이었다. 터스키기의 흑인들이 매독에 많이 걸리고도 가난해서 진료받지 못한다는 사실을 알고, 정부 당국은 '가난한 사람들에게 무료로 진료해 준다'라면서 몰래 생체 실험을 했다. 정부 당국에서 파견한 의사들은 '당신은 지금 악혈(bad blood)이란 병에 걸렸으니 치료해 주겠다'라고 속이면서 주기적으로 채혈하고 뇌척수액을 뽑 아 검사했다. 약이라고는 아스피린과 철분제만 줬다. 1934년 매독 을 치료할 수 있는 페니실린이 나왔지만, 이 실험을 계속했다. 정부

당국은 해당 지역 의사와 보건소에 공문을 보내 생체 실험에 참여한 흑인이 병원에 오면 그냥 돌려보내라고까지 지시했다. 정부 당국에 흑인 그리고 가난한 사람은 자국민이 아니었고, 같은 인간이 아니었다.

또한 정부 당국은 페니실린의 매독 치료 효과를 확인하기 위해 과테말라의 수용소 및 교도소 수감자들과 성 노동자들, 군인들을 일부러 감염시키기도 했다. 1943년 뉴욕주 싱싱교도소에서 임질 감염 생체 실험을 한 사실이 밝혀졌다.

1963~1966년 미국에서 일어난 또 다른 생체 실험으로 뉴욕주 윌로브룩주립학교 감염 실험이 있었다. 윌로브룩주립학교는 지적 장애 아동들이 다니는 곳으로, 학교라는 이름이 무참하게 아이들은 열악한 환경에서 온갖 학대에 시달렸다. 뉴욕대학교의 의학연구원 사울 크루그먼(Saul Krugman)은 이런 장애 아동들을 대상으로 간염을 감염시켰다. 그는 부모들에게 '예방 접종'에 동의하면 아이들을 윌로브룩주립학교에 등록하겠다고 제안했다. 그러나 크루그먼이 실제로 한 일은 간염에 걸린 환자의 대변에서 추출한 물질을 아이들에게 먹여 바이러스성 간염에 감염시키는 것이었다. 사건이 폭로되고 학교가 폐쇄될 때 전체 학생 중 간염 환자가 90%나 되었다. 크루그먼은 이 연구 성과로 간염 연구의 최고 권위자가 되었고, 1972년 미국소아과학회 회장이 되었다.

이렇게 생체 실험한 이들이 제대로 처벌받는 것이 아니라, 오히려 전문가 사회에서 인정받는 일이 당시에는 드물지 않았다. 1963년 뉴욕 브루클린의 유대인 만성질환 병원에서는 종양학자 체스터 사우담(Chester M. Southam)이 노인 환자 22명에게 살아 있는 암세포를 주입했다. 그는 1952년 오하이오주립교도소 수감자에게 같은 실험을 했다. '건강한 신체가 악성 세포의 침입에 맞서 싸우는 비결을 알아내려는 것'이 목적이었다. 이 사실이 밝혀지고 뉴욕 의사면허위원회의 처벌을 받았지만, 2년 뒤 미국암연구협회는 그를 회장으로 선출했다. 사우담은 토마스제퍼슨대학병원 종양학부의 장이면서 교수로 죽을 때까지 재직했다.

미국원자력위원회는 2차 세계대전 직후부터 다양한 곳에서 방사성 물질이 인체에 끼치는 영향에 대한 실험을 진행했다. 처음에는 워싱턴주 핸퍼드 주변에 요오드-131과 크세논-133이란 방사성 동위원소를 3개의 마을이 있는 $2,000km^2$의 지역에 방출했다. 그 뒤 다시 신생아와 임산부에게 방사능 요오드가 끼치는 영향을 알아보려 임산부들에게 요오드를 투여하고, 배아를 연구하려 낙태를 시켰다. 신생아들에게 요오드-131을 투여하기도 했다. 알래스카에서는 102명의 이누이트 선주민과 아타파스칸(Athapaskan)[9] 선주민을 대상으로 요오드를 투여했다. 추운 환경에서 방사성 요오드가 갑상샘에 끼치는 영향을 연구하려는 목적이었다. 이러한 연구는 1960년대에도 계속되었다. 미국국방부는 가난한 흑인 암 환자를 대상으

9 아타파스칸은 미국 캘리포니아주 북서부 서해안에 주로 살던 선주민이다.

로 한 동의 없는 전신 방사선 실험에 자금을 지원하고, 1963~1973년 오리건과 워싱턴의 교도소 수감자들 고환에 방사선을 쪼이는 실험을 했다.

홈즈버그 프로그램은 1951~1974년 펜실베이니아대학의 앨버트 클리그만(Albert Montgomery Kligman) 박사가 주도한, 펜실베이니아주 홈즈버그교도소에서 수감자를 대상으로 한 다양한 피부 실험이었다. 1급 발암물질인 다이옥신을 피부에 노출하면 어떤 일이 일어나는지 살펴보는 실험이었다. 여기에는 미국육군이 자금을 지원한, 피부에 물집을 일으키는 화학물질을 바르도록 하는 실험이 있었다. 피부가 독성 화학물질의 만성적인 공격으로부터 자신을 보호하는 방식을 배우는 것이 목적이었다. 그 밖에도 여러 가지 심리 및 고문 실험, 정신질환자에 대한 마약 투여 실험, 고아들을 대상으로 한 실험 약물 테스트 등 열거하기 어려울 정도의 많은 생체 실험이 있었다. 겉으로는 그러면 안 된다고 이야기하지만 20세기 중후반까지 정부, 군부, 제약 회사가 연구자들과 함께 가난한 소수자, 흑인, 교도소 수감자, 노인, 정신장애인, 성 노동자, 제3세계 아동 등을 대상으로 끊임없이 생체 실험을 벌였다.

21세기에도 이런 일은 계속되었다. 미국의 인공 혈액 개발 바이오테크 회사인 노스필드랩에서는 대상자의 동의 없이 인공 혈액을 수혈했고, 페이스북은 2010년에 70만 명의 사용자를 대상으로 동의 없이 감정을 조작하는 연구 실험을 했다. 이는 생체 실험이 한 개인의 일탈 행위가 아니라 조직적으로 일어난 행위라는 사실을 말해 준다.

소외열대질환

앞서 살펴본 것처럼 생체 실험의 대상이 된 이들은 주로 제3세계 사람들과 서구 사회 소수자들이었다. 특히 2차 세계대전 이전의 식민지 사람들이 주요 대상이었다. 그렇다면 이 연구 결과들은 식민지 사람들의 삶을 낫게 만들었을까? 그런 측면이 없지 않았다. 하지만 그 뒤 질병으로부터 자유로워진 것은 선진국 사람들이었고, 식민지 출신의 사람들은 여전히 질병의 고통을 겪고 있다.

이를 단적으로 보여 주는 사례가 소외열대질환(Neglected Tropical Disease)이다. 세계보건기구는 열대지방에서 주로 발생하는 20개 질병을 소외열대질환으로 통칭한다.[10] '소외'라는 단어가 붙은 이유는 주로 열대의 빈곤 지역에서 나타나는 질환이라서 국제사회의 관심으로부터 소외되기 때문이다. 한국이 선진국이고 열대 지역이 아니라서 잘 느끼지 못하지만, 세계에서 가장 많은 사람이 고통받는 질병이다.

그중 가장 감염자가 많은 질환은 토양매개성선충감염으로, 쉽게

---

10 소외열대질환 20개는 다음과 같다. 토양매개성선충감염, 주혈흡충증, 림프사상충증, 온코세르카증, 트라코마, 리슈마니아증, 샤가스병, 아프리카수면병, 뎅기열, 한센병, 야스, 선모충증, 기니월병, 식충증, 포충증, 테니아증, 라비스, 브룰리궤양, 뱀교상, 사상형성충.

말해 회충, 편충, 구충, 분선충 등의 기생충 감염을 가리킨다. 전 세계적으로 15억 명 정도가 고통받고 있다. 열대 지역에만 퍼져 있는 것은 아니다. 예전에는 한국에도 감염자가 많아서 학교에서 기생충 검사를 하고 정부에서 1년에 한 번씩 구충약을 제공했다. 현재 한국에서 크게 문제가 되지 않는 것처럼 선진국에서는 이제 별로 발병하지 않는다. 열대 지역의 가난한 사람들이 감염자의 대부분을 차지한다.

이 기생충의 한살이를 보면 왜 열대의 가난한 사람들이 주로 걸리는지 알 수 있다. 기생충은 주로 인간의 소장이나 대장에 기생하면서 알을 낳는다. 이 알은 대변과 함께 배출된다. 가장 흔한 회충이나 편충은 이렇게 배출된 알을 음식물과 함께 섭취하면서 전파된다. 구충이나 분선충은 인체 밖에서 부화한 다음 유충의 형태로 피부를 통해 인체로 침투한다.

우선, 대변과 함께 배출된 알이 어떻게 음식물과 함께 섭취될까? 한국처럼 수세식 변기와 정화조가 있으면 거의 불가능하다. 그러나 열대 지역의 많은 농촌에는 수세식 변기와 정화조가 없다. 열대 지역의 재래식 화장실은 주변 환경에서 완전히 격리되지 않는다. 배설물은 흘러 나가서 지하수나 하천을 오염시킨다. 사람이 식수로 사용하는 곳으로도 전파되어 그 물을 마시면서 감염된다. 특히나 상수도 시설이 제대로 없어 우물이나 주변 하천의 물을 길어 먹다 감염되곤 한다.

게다가 이런 지역에서는 높은 확률로 대변을 비료로 활용한다. 한국도 예전에는 그랬다. '두엄'이라고 해서 인간이나 가축의 배설물에 풀이나 짚을 섞어 발효시키면 천연비료가 된다. 지역에 따라 조금씩 달랐지만, 보통 이렇게 비료를 만들어 사용했다. 화학비료는 돈을 주고 사야 했지만 인분은 공짜였기 때문이다. 이렇게 인분을 이용해 재배한 곡물을 다시 먹을 때 기생충 알이 사람 몸에 들어온다.

다음으로, 피부로 감염되는 이유는 맨발로 다니기 때문이다. 또하나는 목욕이다. 상수도 시설이 제대로 없다 보니 아이들은 주로 집 주변의 하천이나 연못, 우물에서 씻는데 이 과정에서 피부감염이 일어난다. 유충 크기가 0.5mm 정도밖에 되지 않아 피부를 쉽게 뚫고 들어온다.

기생충 감염은 구충제로 치료해도 다시 알을 섭취하거나 유충이 피부로 들어오면 재감염된다. 구충제 복약이 근본적인 해결책이 될 수 없다. 한국은 1995년까지 학교에서 대변 검사를 했다. 상하수도 시설이 제대로 갖춰져 기생충 순환의 고리가 끊어지고 기생충 발병률이 줄어들면서 더 이상 학교에서 검사하지 않는다.

기생충 감염이 일으키는 가장 큰 문제는 영양 부족이다. 십이지장이나 소장 등에 사는 기생충이 소화기관으로 들어온 음식의 영양분을 가로채서 영양실조에 걸리기 쉽다. 어린이는 영양 부족으로 잘 자라지 않고 뇌 발달이 지연된다. 그렇지 않아도 가난해서 음식을 충분히 섭취하지 못하는 열대 지역의 어린이들에게 기생충 감염은 생각보다 훨씬 심각한 문제다. 기생충 감염은 복통이나 설사, 구토, 심하면 장폐색을 일으킨다. 기생충이 피부를 뚫을 때 피부 발진이 일어나고 가려움증이 생기며, 맹장염의 원인이 되기도 한다. 가장 많은 사람이 감염되는 토양매개성선충은 다른 질병에 비해 증상이 비교적 가볍다는 점이 작은 위안거리다. 다른 소외열대질환은 더 심각한 증상이 나타난다.

토양매개성선충감염 다음으로 많은 사람이 감염되는 주혈흡충증은 수인성 질환이다. 감염되면 열이 오르고 설사를 한다. 제때 치료하지 않으면 간에 손상이나 생식기에 육아종이 생기고, 방광 손상이 일어나기도 한다. 사람의 배설물에 포함된 주혈흡충의 알이 물에 들어가 부화해 유충이 된다. 이 유충은 물에 들어간 사람의 피부를 통해 침투한다. 주로 아프리카와 중동, 카리브해, 남아메리카, 동남아시아 등의 열대 및 아열대 지역에서 발생하는데, 세계보건기구는 대략 1억 5,000만 명 정도가 감염된 것으로 추산한다.

프라지콴텔이라는 약으로 하루 이틀이면 치료할 수 있다. 문제는 치료가 되어도 재감염이 일어난다는 사실이다. 성충만 죽인 약이 일정한 시간이 지나면 분해되거나 배출되기 때문이다. 이 또한 상하수도 체계가 제대로 갖추어지지 못한 상황에서 발생하는 일이다. 주혈흡충 유충이 있는 물을 마시고 그 물로 씻는 과정에서 다시 재감염이 일어난다.

토양매개성선충감염과 주혈흡충증 다음으로 많은 것은 모기나 파리 등 곤충을 통해 감염되는 질환들이다. 모기로 감염되는 병으로 알려진 말라리아가 소외열대질환에 포함되지 않은 이유는 두 가지다. 첫째, 워낙 중요하고 심각해서 소외열대질환과 따로 구분해 다루기 때문이다. 둘째, 이미 많은 자금 지원과 연구가 이루어지고 있기 때문이다.

세계보건기구에 따르면 말라리아는 2022년 세계적으로 2억 5,000만 건 정도 발생했으며, 이 과정에서 약 61만 명이 사망했다. 감염자 숫자로는 토양매개성선충감염에 이어 두 번째지만, 사망자 숫자로는 압도적인 1위다. 그런데도 우리에게 낯선 이유는 대부분 열대지방, 특히 아프리카에서 발생하기 때문이다. 전체 감염자의 94%, 사망자의 95%가 아프리카에서 발생한다. 그중에서도 말라리아 사망자의 절반 이상이 나이지리아, 콩고민주공화국, 우간다, 모잠비크에서 발생한다. 5세 미만의 아이들이 전체 사망자의 78%를 차지한다.

왜 이렇게 아프리카, 그것도 4개 나라에 집중되고, 특히 아이들이 많이 사망할까? 그 지역에만 말라리아모기가 많아서일까, 아니면 인구가 많아서일까? 이유는 간단하다. 말라리아를 예방하려면 모기 물림을 피하고 약을 먹어야 한다. 이를 위해서 세계보건기구는 밤에 잘 때 모기장을 사용할 것, 해가 진 뒤 모기 구충제를 사용할 것, 창문에 방충망을 설치할 것 등을 권장한다. 말라리아모기는 주로 밤에 활동한다.

하지만 아프리카의 가난한 사람들은 제대로 된 모기장이 없거나 있더라도 낡았다. 더구나 예방약이 필요한 이들은 살 돈이 없고, 정부는 이를 공급할 예산과 의지가 부족하다. 당장 먹을 음식과 마실 물도 부족한 지경이다. 내전 상태라 공급할 수 없는 경우도 많다. 이런 상황이니 의료 체계가 제대로 구축될 리 없다. 의료진이 부족하고, 진단 장비가 부족하고, 치료제가 부족하다. 그 결과 말라리아에 걸린 이들에 대한 치료가 제대로 이루어지지 않아 사망률이 높다. 같은 열대우림 지역이라도 중남미나 동남아시아보다 아프리카가 더 취약한 이유다.

앞서 말라리아에 대해서는 소외열대질환보다 국제적 관심이 크고 지원이 많다고 했는데, 그것은 말짱 헛일이냐고 되물을 수 있다. 말라리아에 대한 지원이 많은 것은 사실이다. 워낙 많은 이들이 고통받고 죽기 때문이다. 실제로 세계보건기구나 글로벌 펀드, 오바마 행정부의 오픈거번먼트이니셔티브(Open Government Initiative) 등에서 2020년 기준으로 약 30억 달러, 곧 10조 원 정도를 지원했다. 이런 지원에 힘입어 2000년 이후 말라리아 사망률이 약 60% 정도 감소했다. 하지만 워낙 상황이 심각해서 이런 정도의 지원으로는 부족한 것이 사실이다. 세계가 주목하는 말라리아가 이 정도라면 이보다 주목도가 떨어지는, 그래서 '소외'열대질환이란 이름이 붙은 다른 질환에 대한 지원은 더 떨어질 수밖에 없다.

여기까지 읽으면서 한 가지 의문이 들 수 있다. '아니 그 나라 사람들이 가난해서 그런 것인데, 그게 제국주의와 당시 의사나 과학자, 지금의 의학과 무슨 관계냐? 나름으로 지원하고 있는데 말이다.' 현재, 특히 아프리카의 상황이 이렇게 나빠진 데는 제국주의 시절 서양의 책임이 크고 그 가운데 당시 의학의 책임이 상당하다. 물론 제국주의 침략 이전이라고 이런 열대 질환이 없지 않았다. 하지만 식민 지배 과정에서 양상이 바뀌었다. 대규모로 농장을 만들고 삼림을 벌채하고 광산을 개발하면서 서식 환경이 변해, 말라리아모기 등 질병 매개체의 서식지가 확대되었다. 강제 노동과 대규모 이주 등으로 질병이 더 쉽게 퍼질 수 있는 환경이 만들어졌고, 선주민들의 공동체 시스템이 무너지면서 전통적 방식의 질병 억제 방법이 함께 무너졌다. 이렇게 식민지 경제체제에서 급격한 도시화는 위생 문제를 악화시켰다.

그리고 제국주의는 식민지 자원을 대규모로 착취했다. 식민지 선주민들은 더 빈곤해지고 이에 따라 건강 상태가 나빠졌다. 게다가 앞서 살펴본 것처럼, 식민지 시대 의료 체계는 주로 본국에서 간 사람과 일부 식민지 엘리트를 위한 것이었지, 대다수 현지인을 위한 것은 아니었다. 현지인들은 생체 실험 대상으로만 취급되었고, 이들의 건강에 관한 연구는 거의 이루어지지 않았다.

이런 현상은 20세기 중후반까지 계속되었다. 식민지 시절 만들어진 본국과의 경제적 종속 관계는 독립 뒤에도 이어졌다. 이런 기형적 경제체제는 아프리카 각국이 경제성장하는 데 큰 걸림돌이 되었다. 또 식민지 시절 인위적으로 그어 놓은 국경선은 민족 간, 혹은 부족 간의 갈등을 지속시켰다. 이런 상황에서 많은 국가가 자체적인 보건 체계를 구축하는 데 필요한 자원을 확보하기는 어려웠다.

과학기술에서도 종속 관계는 이어졌다. 아프리카에서 이루어진 20세기 중후반의 연구 활동 중 상당수는 제국주의 시절과 크게 다르지 않았다. 아프리카 사람들은 연구 대상이 되었고, 서양인은 연구 주체가 되었으며, 연구 결과는 본국 중심으로 공유되었다.

과학교육 기반이 열악한 아프리카의 많은 젊은이가 지금도 여전히 자국에서 교육받을 방법이 없어서 식민지 시절의 본국으로 유학을 떠난다. 물론 다시 돌아오는 이들이 있지만, 많은 이들은 그대로 본국에 눌러산다. 식민지 시절의 왜곡된 교육 시스템이 그대로 유지되는 탓이다. 그러다 보니 열대 질병에 관한 연구 또한 대부분 서양에 의존할 수밖에 없다.

3
과학과 제국주의
자연선택은 적자생존이 아니다

인간 동물원

신체 일부가 붙은 채 태어난 사람을 흔히 '샴쌍둥이'라 부른다. 19세기 초중반에 피티 바넘(PT Barnum)은 미국 전역을 다니면서 서커스 공연을 했다. 당시의 서커스는 지금과 달리 희귀한 동물 전시를 겸했다. 미국에서 보기 힘든 '사람'도 전시했다. 그중 배가 서로 붙은 '창과 앵 분커(Chang and Eng Bunker)'라는 태국 출신 쌍둥이가 있었다. 당시 서양은 태국을 '샴'이라 불렀고, 그래서 이들은 '샴쌍둥이'라 불렀다.

바넘이 이들보다 먼저 '전시'한 사람은 조이스 헤스(Joice Heth)라는 아프리카계 미국 여성 노예로, 바넘은 그녀를 161세의 모유 수유모라 속였다. 당시 전시 광고는 헤스를 이렇게 소개한다.

"조이스 헤스는 의심할 여지 없이 세상에서 가장 놀랍고 흥미로운 호기심의 대상입니다! 그녀는 오거스틴 워싱턴(워싱턴 장군의 아버지)의 노예였고, 의식을 잃은 유아에게 옷을 입힌 최초의 사람이었습니다. 그녀는 후에 우리의 영웅적인 아버지들을 영광, 승리, 자유로 이끌었습니다. 이 나라의 저명한 아버지에 대해 말할 때 그녀 자신의 언어를 사용하자면, '그녀가 그를 키웠습니다.' 조이스 헤스는 1674년에 태어났고, 그 결과 현재 161세라는 놀라운 나이에 도달했습니다."[11]

그 이전에 '호텐토트의 비너스'로 알려진 사라 바트만(Sarah Baartman)이 있었다. 남아프리카공화국의 코이코이족(당시에는 호텐토트라 불렸다) 출신으로, 18세기 말에 태어난 바트만은 1810년 21세에 영국 의사 윌리엄 던롭(William Dunlop)과 계약을 맺고 '구경거리'가 되기 위해 영국 런던으로 갔다. 런던에서 '호텐토트의 비너스'라는 이름으로 전시되었는데, 큰 엉덩이와 생식기가 구경거리가 되었다. 관람객은 돈을 내고 그녀를 만질 수 있었다. 그녀는 4년 뒤 프랑스로 팔려 갔다. 계약을 맺었다고는 하지만 반노예였다. 바트만은 계속 전시되었다. 당시 고생물학의 창시자이자 대단한 권위를 자랑하던 조르주 퀴비에(Jean Léopold Nicolas Frédéric Cuvier) 등은 바트만을 연구 대상으로 삼았다. 그들은 그녀를 '원시적'이고 '동물적'이라고 묘사했다.

1년 뒤 26세로 파리에서 사망한 그녀는 '과학적 연구'를 위해 해

---

[11] https://en.wikipedia.org/wiki/Joice_Heth#/media/File:Joice_heth_poster.jpeg

부되었다. 바트만의 뇌와 생식기는 포르말린에 보관된 채 파리 인류박물관에 전시되었다. 그로부터 178년이 지난 1994년 남아프리카공화국의 넬슨 만델라 대통령이 유해 반환을 요청했고, 그러고도 8년의 긴 협상 끝에 반환되어 고향에 묻혔다.

인간 전시는 19세기 초에는 드물었지만, 19세기 중반 이후 제국주의가 극에 달하면서 흔해졌다. 왜소증, 백색증,[12] 결핵성후만증 같은 장애인이나 희귀질환자, 아프리카와 중남미의 선주민을 전시했다. 19세기 후반에 전시 규모가 더 커졌다. 한두 명이 아니라 수십 명, 수백 명을 전시하고 그들이 고향에서 살던 모습을 재현했다. 마치 옛날 동물원이 쇠창살 우리에 동물 한두 마리를 가두고 전시하다가 이제 사파리 형식으로 바뀐 것과 같다. 현장감이 살아 있도록 말이다.

동물원 사업자인 카를 하겐베크(Carl Hagenbeck)는 1870년대부터 함부르크에서 누비아(Nubia)[13] 전시회, 1880년에는 이누이트 전시회를 열었다. 워낙 인기가 좋아서 베를린, 파리 아클리마타시옹놀이공원, 런던과 미국의 여러 도시에서 전시회를 열었다. 프랑스에서는 한 해 동안 1,000만여 명이 관람했다.

---

[12] 백색증은 피부 색소인 멜라닌이 거의 형성되지 않거나 전혀 형성되지 않는 유전성 장애다. 피부와 모발이 하얗고, 눈이 분홍색 혹은 창백한 푸른빛이 도는 회색이기도 하다. 후천적으로 피부 일부에 흰 반점이 나타나는 백반증과는 다르다.

[13] 누비아는 현재의 수단 남부와 이집트 남부에 걸쳐 있는 나일강 상류 지역을 가리킨다.

인종론

1900년 파리 만국박람회에서는 흑인 마을을 선보였는데, 가장 중요한 전시물이 400명의 선주민이었다. 그 밖에도 암스테르담에서는 수리남 선주민, 스페인에서는 필리핀 선주민을 전시했다. 이런 전시회는 무려 '민속학 전시회(Ethnological Exposition)'라 불리며 20세기까지 이어졌다. 1940년에는 포르투갈에서 기니 비사우 선주민, 1958년에는 브뤼셀 세계박람회에서 콩고 마을이 전시되었다. 전시된 이들은 아프리카와 중남미 사람들만이 아니었다. 1903년 일본 오사카에서 열린 내국권업박람회의 '인간관'에는 한국인과 오키나와인, 중국옷을 입은 포모사인[14]이 전시되었다.

이렇게 유럽과 미국은 20세기까지 미개했다. 그들은 자신의 미개함과 편견에 사로잡힌 혐오를 '과학'이라 강변했다. 대표적인 사례로 음바에 오타 벵가(Mbye Ota Benga)가 있었다. 1906년 사교계의 명사이자 우생학자이며 뉴욕 동물학회장인 매디슨 그랜트(Madison Grant)는 콩고 피그미족인 오타 벵가를 뉴욕시 브롱크스동물원에 전시했다. 오타 벵가는 침팬지, 오랑우탄, 앵무새와 같은 공간에 있었고, '잃어버린 고리(The Missing Link)'라는 딱지가 붙었다. 원숭이에서 인간으로 진화하는 과정의 중간 단계라는 것이다. 그러나 당연히 오타 벵가가 그랜트와 하등 다르지 않은 인간임이 밝혀졌고, 같은 인간을 혐오하는 그랜트가 오히려 미개하다는 사실이 드러났다.

14 포모사(Formosa)는 현재의 타이완으로, 포모사인은 타이완 선주민을 일컫는다.

19세기 후반 서구에서 노예제가 폐지되면서 이전처럼 노예를 사지 않고 대부분 돈을 주고 계약해 전시하기 시작했다. 그렇다고 인간이 같은 인간을 동물처럼 구경하는 것이 용납될 수는 없다. 당시에도 이에 대한 비판이 있었다. 오타 벵가는 처음 계획처럼 오래 전시되지 못했다. 뉴욕의 아프리카계 기독교 지도자들을 비롯한 꽤 많은 사람이 반발했기 때문이었다. 그런데도 이런 전시가 가능했던 데는 몇 가지 배경이 있는데, 그중 사회진화론(Social Darwinism)과 인종론이 대표적이었다.

　　19세기 중반 이후 서구 사회에서 가장 큰 논란이 된 이론은 다윈의 진화론이었다. 서양 사람들은 거의 2,000년 가까이 세상의 모든 생물을 하느님이 직접 창조했고, 처음 창조된 모습에서 변하지 않았다고 생각했다. 그런데 갑자기 다윈이 세상의 모든 생물은 진화의 산물이고 인간 또한 마찬가지라고 주장하자 큰 혼란에 빠졌다. 하지만 몇십 년의 준비 끝에 아주 탄탄한 자료와 증명으로 무장한 그의 진화론은 종교계의 반발에도 불구하고, 생물학계만이 아니라 사회 전반에 빠르게 받아들여졌다.

　　새로운 이론이 등장하면 거의 항상이라고 해도 좋을 만큼 자기 입맛에 맞게 왜곡해서 퍼트리는 자들이 있기 마련이다. 당시에는 그중 하나가 인종론자였다. 서구의 과학자 중 인간이 원숭이로부터 진화했다고 생각하는 이들이 진화의 과정을 침팬지-흑인-황인-백인 순으로 정리했다.[15] 대표적인 사람이 독일의 생물학자이자 박물학자면서 철학자였던 에른스트 헤켈(Ernst Haeckel)이다. 독일의 대표적인 진화학자인 그는 인종 간 위계질서를 주장했다. 헤켈에 따르면 가장 원시적인 인종은 아프리카 흑인, 파푸아인, 호텐토트이고, 덜 발전된 인종은 오스트랄로이드 곧 오스트레일리아 선주민과 말레이인이다. 중간 단계로는 몽골로이드 곧 동아시아인과 중앙아시아인, 그리고 멜라노크로이인 남유럽인과 중동인이 있다. 가장 발전된 인종으로는 크산토크로이인 북유럽인이 있다.

이러한 헤켈의 주장에 골상학이 힘을 실었다. 골상학은 머리뼈의 모양과 크기가 성격, 지능, 도덕성을 결정한다는 이론이다. 18세기 말에 프란츠 요제프 갈(Franz Joseph Gall)이 창안했고, 19세기에서 20세기 초까지 서구에서 큰 영향을 끼치며 유행했다.

당시 골상학자들은 다양한 인종의 머리뼈를 측정하고 비교했다. 이들에 따르면 백인, 특히 북유럽인의 머리뼈 크기와 용량이 가장 크다. 아시아인은 중간이고 아프리카인이 가장 작다. 형태는 백인이 가장 이상적이고 아프리카인은 길고 좁다. 각도도 중요하다. 이마에서 턱까지의 각도는 백인이 가장 수직에 가깝고 아시아인에서 아프리카인 쪽으로 가면서 비스듬히 눕는다. 이 각도는 침팬지부터

---

15 현대의 관점에서 볼 때 원숭이와 인간은 한쪽이 다른 쪽으로 진화한 것이 아니다. 가령 침팬지와 인간은 둘의 '공통' 조상에서 서로 다른 길로 진화했다. 마찬가지로 고릴라, 오랑우탄, 긴팔원숭이도 인간보다 열등한 존재가 아니라 공통의 조상에서 서로 다른 방향으로 진화했다.

백인까지의 위계를 나누는 기준이 된다. 하지만 실제 머리뼈 모양을 보면 그렇지 않다. 골상학자들은 일부러 자기들이 원하는 모양을 가진 머리뼈만 선택해서 측정했고, 그렇지 않은 머리뼈는 버렸다. 즉 이미 결론을 내리고 그에 맞는 것만 취사선택한 것이다. 20세기 이후 연구는 이들이 완전히 틀렸다는 사실을 증명한다.

하지만 당시에 이들의 주장이 인종 단계론에 큰 힘을 보탠 것은 사실이다. 이런 주장이 힘을 얻으면서 프랑스의 외교관이자 작가인 조제프 아르튀르 드 고비노(Joseph Arthur Comte de Gobineau)는 《인종 불평등론(Essai sur l'inégalité des races humaines)》을 주장했고, 영국 출신 독일 철학자 휴스턴 스튜어트 체임벌린(Houston Stewart Chamberlain)은 《19세기의 기초(Die Grundlagen des neunzehnten Jahrhunderts)》에서 아리안 인종의 우월성을 강조했다. 또 미국의 변호사이자 우생학자인 매디슨 그랜트는 《위대한 인종의 쇠퇴(The Passing of the Great Race)》에서 북유럽 인종의 우월성을 주장했다.

19세기 중반 이후 영국과 프랑스를 중심으로 유럽은 아프리카, 중동과 동남아시아, 중남미 등 세계 곳곳에 식민지를 두고 제국주의의 최전성기를 누렸다. 이때 인종론은 유럽의 백인이 아시아인과 흑인을 지배하는 정당성을 뒷받침하는 중요한 이데올로기의 하나가 되었다. 더 진화한 이들이 덜 진화한 이들을 가르치고 교화해야 한다고 말이다.

현대 과학으로 보자면 인종론은 과학적 정당성이 하나도 없다. 유전공학의 발달은 피부색이 까만 사람들 사이의 연관성보다 지역적 연관성이 더 크다는 사실을 분명히 보여 준다. 가령 아프리카 북부의 흑인은 아프리카 남부의 흑인보다 지중해의 백인과 더 유전적으로 닮았다. 그리고 인도 남쪽과 순다열도 사이에 사는 흑인은 태국이나 베트남 사람과 연관성이 가장 크다. 오스트레일리아의 선주민도 마찬가지다. 아마존의 흑인은 북아메리카의 선주민이나 이누이트, 몽골인과의 연관성이 가장 크다. 이렇게 피부색이 까맣다고 하더라도 체형과 얼굴 모양이 서로 다르다. 인간이 가지는 다양한 형질 중 딱 하나인 피부색만 가지고 인간을 나눌 수 없다는 것이 현대 과학의 결론이다.

물론 19세기에도 프란츠 보아스(Franz Boas)[16]처럼 인종 간에 본질적인 차이가 없다고 주장하는 인류학자가 있었지만, 큰 힘을 발휘하지는 못했다. 19세기의 인종론은 이제 과학적 영향력을 완전히 상실했다. 그러나 사회적 영향력은 상당하게 남아 있다.

가령 미국에서 흑인은 백인보다 훨씬 높은 비율로 체포되고 있다. 백인이면 체포되지 않을 상황에서 흑인이기 때문에 체포되는 일이 허다하다. 또, 많은 국가에서 여전히 피부색에 따른 취업 차별

---

16 프란츠 보아스는 독일 출신 미국 인류학자로, 미국 인류학의 아버지로 불린다. 그는 인종이 문화적 차이를 결정하는 것이 아니라 문화적 차이가 인종 간 차이를 만든다고 주장했는데, 이는 현대 문화인류학의 기초가 되었다.

이 존재한다. 멀리 가지 않고 한국만 하더라도 영어 강사 중 흑인은 손에 꼽힌다. 많이 줄었다고 하지만 영화에서 흑인이 주인공으로 등장하는 경우는 백인보다 훨씬 적다. 그래서 많은 사람이 이렇게 주장한다. "인종은 없다. 인종차별만 있을 뿐이다."

우생학

이런 인종론은 사회진화론과 우생학의 든든한 뒷배가 되었다. 그중 우생학(Eugenics)에 대해 먼저 알아보자.

당시는 산업혁명 이후 도시로 사람들이 몰려들면서 빈민가가 만들어지고 질병과 범죄가 늘어나는 등 여러 사회문제가 터져 나오는 시기였다. 지배 계층은 이런 문제의 원인을 사회구조가 아닌 개인의 타고난 유전적 결함으로 돌리고 싶었다. 마침, 다윈의 진화론이 등장하면서 '적자생존'이라는 개념이 사회 전반에 퍼졌다. 부자는 우수한 유전자를 가졌기에 성공하고, 빈자는 열등한 유전자를 가졌기에 도태한다는 식의 사회진화론이 힘을 얻었다. 이런 시대적 배경에서 과학계는 인간의 능력과 사회적 지위가 유전자에 따라 결정된다는 주장에 힘을 실었다.

19세기 생물학의 가장 커다란 진전으로 진화론과 함께 유전학을 꼽는다. 우리가 중학교 때 배우는 우열의 법칙, 독립의 법칙 등을 이 시기에 그레고어 멘델(Gregor Johan Mendel)이 발견했다. 이 두 가지, 곧 유전학과 진화론을 바탕으로 19세기 말에서 20세기에 이르기까지 우생학 광풍이 불었다. 당시 과학자들은 인간의 능력, 모습, 성격, 건강 등이 유전으로 결정된다고 보았다. 멘델의 유전법칙이 인간의 모든 면에 그대로 적용된다고 본 것이다. 검은 피부를 가진 사람은 검은 피부를 가진 아이를 낳고 곱슬머리를 가진 사람은 곱슬머리를 가진 아이를 낳듯이, 똑똑한 사람은 똑똑한 자손을 낳고 멍청한 사람은 멍청한 자손을 가진다고 여겼다.

과학자들은 이를 증명하기 위해 가계도를 분석하고, IQ 테스트로 지능을 재고, 신체의 여러 부위를 측정했다. 대표적으로 우생학의 창시자로 알려진 영국의 프랜시스 골턴(Francis Galton)은 영국의 '뛰어난 가문'을 조사했다. 판사, 정치인, 군인, 작가의 가계도를 조사하고 이들의 친족 중 얼마나 많은 사람이 성공을 거두었는지 분석했다. 그리고 비슷한 성취를 이룬 사람들의 비율이 일반 인구보다 높다고 결론 내렸다. 일종의 금수저 연구라 할 만하다. 애초에 좋은 집안에서 태어나 어려서부터 최고의 환경에서 교육받고 사회에 나와서 가문의 영향력으로 좋은 자리를 차지할 수 있었던 배경에는 신경 쓰지 않았다.

당시만 하더라도 이런 연구가 크게 주목받았다. 골턴만이 아니라 미국의 찰스 대븐포트(Charles Benedict Davenport)는 '정신질환과 범죄 성향의 유전'을 연구하고 헨리 H. 고다드(Henry Herbert Goddard)는 《칼리카크 가족: 정신박약 유전에 대한 연구(The Kallikak Family: A Study in the Heredity of Feeble-Mindedness)》를 통해 지적장애의 유전을 주장하는 등 20세기 초까지 우생학 연구가 이어졌다.

이들은 여기서 한 발 나아가 사회문제의 원인을 유전에서 찾았다. 가난한 사람은 게을러서 그렇게 되었고, 그 게으름이 유전되었기 때문이라고 생각했다. 반면, 사회적으로 성공한 사람은 그런 유전형질을 부모로부터 타고났다고 생각했다. 당시의 우생학자들은 이 두 가지 길을 동시에 걷고자 했다. 즉, 바람직한 유전형질을 가진 사람의 번식은 장려하고 열등한 유전형질을 가진 이의 번식은 제한하는 것이었다.

이런 주장은 빠르게 퍼져 나갔다. 영국과 미국을 중심으로 우생학회가 설립되고 학술지가 발간되면서 '과학적 이론'으로 입지를 다졌다. 그리고 서양의 각 나라 정부에 의해 이런 주장은 현실이 되었다. 우생학은 특히 이민 정책에 큰 영향을 끼쳤다. 미국은 1924년 이민법을 통해 '열등한 유전자'를 가진 이들의 유입을 막는다는 명목으로 동유럽과 남유럽, 아시아 등지로부터의 이민을 엄격하게 제한했다. 또한 우생학은 제국주의 국가들이 식민지 지배를 정당화하는 도구로 활용되었다. '열등한' 민족을 '우수한' 민족이 지배하고 일깨우는 것은 당연하다는 논리였다.

우생학의 끔찍함은 '열등한' 사람들이 자손을 낳지 못하도록 강제로 시행한 불임 시술에서 절정을 이뤘다. 미국에서는 1907~1970년 약 6만 명이 강제 불임을 당했다. 주로 정신질환자, 범죄자, 빈곤층, 소수 인종이 그 대상이었다. 영어를 하지 못하는 아시아계 이민자들이 질문에 대답하지 못한다고 지적장애가 있다며, 그들에게 불임을 선언하기도 했다. 스웨덴에서는 6만 명이 넘는 이들이 강제 불임을 당했는데, 주로 혼혈인, 집시, 정신질환자였다. 캐나다에서는 1970년대까지 아메리카 선주민 여성들이 불임을 당했다. 일본에서는 약 1만 6,500명이 강제로 불임 수술을 당했는데, 주로 정신질환자와 한센병 환자였다.

나치 독일에는 'T4 프로그램'이 있었다. '살 가치가 없는 생명'을 제거하는 것이 목적으로, 우생학적 사상과 경제적 효율성 논리가 결합해 진행되었다. 주로 정신질환자, 장애인, 유전병 환자를 대상으로 약 30만 명을 안락사 명목으로 살해했다. 유전적으로 '열등한' 이들을 제거한 것이다. 나치 독일에서는 이들 외에도 열등 인종으로 분류된 폴란드인과 다른 슬라브계 사람들을 대규모로 학살하거나 강제 노동에 동원했다. 역시 '열등한' 인종으로 여겨진 집시 또한 22~50만 명 정도가 학살되었다. 유대인은 무려 6백만 명이 죽었다. 그 밖에도 동성애자, 사회주의자가 학살 대상이 되었다.

2차 세계대전 뒤 우생학은 더 이상 과학으로 자리 잡지 못했다. 생물학적·사회학적 연구는 우생학이 더 이상 과학이 아니라는 결론을 내렸다. 하지만 우생학의 영향은 계속되었다. 앞에서 살펴본 나치 독일 이외의 나라들, 곧 미국, 스웨덴, 캐나다, 일본 등에서 강제 불임은 1970년대까지 이어졌다.

지금도 우생학의 영향은 한국을 비롯해 여러 사회에 남아 있다.

장애인을 '제거' 대상으로 보거나 '잉여'로 보는 시각, 인종 간 격차를 유전적 차이로 규명하려는 연구, 범죄에 관한 유전적 연구 등을 일부 과학자가 계속 시도하고 있다. 주목할 점은 현대의 우생학이 더 이상 과거처럼 국가권력이 강제해서가 아니라, 개인의 선택과 시장 논리를 통해 은밀하게 작동한다는 사실이다. 산전 유전자검사를 통한 선택적 중절, 체외수정 과정에서의 배아 선별, '우수한' 형질을 가진 정자와 난자의 거래 등이 대표적이다. 결혼 정보 회사나 데이트 앱에서 학력과 외모를 필수로 '필터링'하는 것도 같은 맥락이라 할 수 있다.

이러한 현상은 '개인의 자유로운 선택'이라는 핑계로 사회적 약자에 대한 차별을 정당화한다. 최근에는 유전자조작이나 첨단 생식의료 기술과 같은 고비용 시술에 대한 접근성이 경제적 계층에 따라 달라지고 있다. 부유한 계층은 자신들이 원하는 '우수한' 형질을 지닌 자녀를 가질 기회를 얻지만, 그렇지 못한 계층은 이러한 선택권에서 배제되면서 새로운 형태의 사회적 격차가 만들어진다. 현대의 우생학은 개인의 자유로운 선택이라는 자유주의적 가치를 방패 삼아 새로운 형태의 사회적 불평등을 만들고 있다.

사회진화론

진화론을 한마디로 정의하라고 하면 '적자생존'이라고 이야기하는 사람들이 많다. 그런데 적자생존은 다윈이 쓴 말이 아니다. 우생학과 함께 19세기에서 20세기 중반까지 영향력을 발휘한 사회진화론의 창시자인 허버트 스펜서(Herbert Spencer)가 다윈의 《종의 기원(On the Origin of Species)》이 나오기 한참 전에 썼다. 그러면 다윈은 뭐라고 말했을까? '자연선택'이다.

비슷해 보이지만 둘은 의미가 다르다. 다윈의 자연선택은 환경에 더 잘 적응한 개체가 생존하고 번식할 확률이 높다는 것이다. 여기에 개체가 환경에 잘 적응하기 위해 능동적으로 진화한다는 개념은 없다. 태어나니 누구는 털이 더 많고 누구는 털이 더 적을 뿐이다. 만약 더운 곳이라면 털이 더 적은 개체가 유리할 것이다. 반대로 추운 곳이라면 털이 더 많은 개체가 유리할 것이다. 즉 자연의 선택이지 개체의 선택은 아니다. 또 어떤 개체가 더 우월하다거나 더 열등하다는 것도 아니다. 전적으로 태어난 곳의 환경에 우연히 유리한 조건을 가진 개체가 더 잘 살아남는다는 것이다.

하지만 적자생존은 다르다. 스펜서가 이 용어를 쓸 때의 의미는 '강한 자가 살아남는다'라는 것이었다. 지금도 그런 뜻으로 많이 쓴다. 스펜서는 사회가 단순한 형태에서 복잡한 형태로 진화한다고 생각했다. 물론 이때의 '진화'는 다윈의 생각과 완전히 달랐다. 다윈의 진화란 '진보'나 '발전'이 아니라 아무런 목적이 없는 자연 현상에 불과했다. 하지만 스펜서는 다윈의 진화론을 받아들이면서 진화는 곧 진보이고 어떤 목표를 향해 나아가는 것이라 여겼다.

스펜서로서는 좀 억울한 면이 있다. 그는 제국주의와 식민지 확대 정책, 전쟁과 군국주의에 반대했다. 군사적 사회에서 산업적 사회로의 진화가 발전적인 방향이라고 생각했다. 심지어 '사회진화론'이란 말을 사용하지 않았다.

하지만 그의 이론은 그 뒤 다른 식으로 쓰였다. 그렇게 사용한 핵심 인물은 영국의 사회학자 벤저민 키드(Benjamin Kidd)다. 키드는 《사회 진화(Social Evolution)》에서 서구의 제국주의적 팽창을 정당화했다. 열등한 인종에 대한 우월한 인종의 지배가 진보의 필수 요소라는 것이다. 그에 따라 유럽의 식민 지배를 '문명화의 사명(Civilizing mission)'이라고까지 이야기했다. 그리고 영국의 수학자이자 우생학자인 칼 피어슨(Karl Pearson)은 사회진화론에 따라 인종 간 투쟁이 일종의 자연법칙이라고 주장했다. 그러면서 우수한 인종의 지배를 정당화하고 제국의 식민지 지배를 진화의 필연적 결과라 강변했다. 또 미국에 사회진화론을 전파한 윌리엄 그레이엄 섬너(William Graham Sumner)는 경제적 불평등은 자연스럽고 불가피하며 이를 해소하기 위한 국가의 노력은 가능하지도 않고 바람직하지도 않다고 주장했다.

이런 주장에 기업가들은 환호했다. 당시 미국의 석유 재벌 존 록펠러는 사회진화론에 따라 "대기업의 성장은 단지 적자생존이며 자연법과 신의 법칙이 실현되는 것이다"라고 주장했다. 미국의 철강 재벌 앤드루 카네기도 《부의 복음(The Gospel of Wealth)》에서 다음과 같이 말했다. "법은 경쟁의 법이다. (중략) 그리고 이는 단지 여기서 멈추지 않는다. 우리는 이것이 모든 유기적 존재에도 적용되는 것을 본다. 적자생존의 법칙이다. 우리는 이 법을 받아들이고 환영해야 한다. 왜냐하면 이는 인류에게 최선의 결과를 가져오기 때문이다. 이 법은 오직 우수한 것만을 생존하게 한다."[17]

제국주의의 정치가들 또한 마찬가지였다. 미국의 제26대 대통령 시어도어 루스벨트는 1904년 연두교서에서 "문명화된 인류의 평화와 정의를 위해서는 문명화된 국가가 야만적인 국가나 반문명화된 국가에 대해 어느 정도 국제 경찰력을 행사해야 한다고 나는 믿는다"라고 말했다. 그리고 당시 영국의 식민부 장관이었던 조셉 체임벌린(Joseph Chamberlain)은 "나는 영국 제국이 인류의 진보에 있어 가장 위대한 도구라고 믿는다"라고 연설했다.[18] 영국과 함께 제국주의 쌍두마차였던 프랑스의 총리 쥘 페리(Jules François Camille Ferry) 또한 지지 않았다. "우수한 인종은 열등한 인종에 대해 권리를 가지고 있다. 나는 그들에게 의무도 있다고 덧붙이겠다. 그들은 열등한 인종을 문명화할 의무가 있다."[19]

사회진화론은 진화론의 인간 사회 버전인 척하지만, 사실 다윈 및 현대 진화생물학과 아무런 관련이 없다. 앞서 이야기한 것처럼 일단

---

[17] https://prospect.org/columns/two-darwinisms/

[18] https://www.presidency.ucsb.edu/documents/fourth-annual-message-15

[19] 1885년 7월 29일 프랑스 하원에서 한 연설의 일부. http://histoire-geo.ac-amiens.fr/IMG/pdf/Annexe_2_Jules_Ferry_Travail_Amelie.pdf

적자생존과 자연선택은 전혀 다른 개념이다. 그리고 진화는 목적이 없다. 그저 우연의 산물이다. 진화는 결코 진보가 아닌 이유다.

마지막으로, 자연에 경쟁은 있지만 지배는 없다. 영화 〈라이온 킹(The Lion King)〉을 보면, 사자가 절벽 위에서 잔뜩 무게를 잡고 포효할 때 그 아래에서 온갖 동물들이 그를 경배한다. 우리는 이것이 거짓임을 안다. 사자가 다른 동물을 지배한다면 왜 굳이 직접 사냥할까? 하이에나나 치타를 시켜 그들이 사냥한 것을 바치라고 하면 된다. 아니면, 오늘은 물소가 먹고 싶으니까 "한 마리 이리 오너라"라고 명령하면 된다. 하지만 사자는 자기가 직접 사냥해야 먹고산다. 지배자가 아니라 생태계에서 자기가 차지하는 위치, 곧 대형 초식동물을 잡아먹는 포식자라는 역할에 충실하다. 이처럼 인간을 제외한 어떤 생물도 '지배'하지 않는다. 그래서 현대 진화생물학에서는 적자생존이란 용어를 거의 쓰지 않는다.

그런데도 당시 사회진화론은 계속 기세를 떨쳤다. 제국주의자들에게 아주 유용한 이데올로기였기 때문이었다. 하지만 20세기 초가 지나면서 그 학문적 명성에 금이 가기 시작했다. 나치 독일이 사회진화론과 우생학을 극단적으로 악용해 대량 학살을 자행했기 때문이다.

그러나 그 이전부터 균열은 나타나고 있었다. 우선, 과학계에서 사회진화론의 '과학적' 근거들이 하나둘 무너지기 시작했다. 인종 간의 '우월성'을 증명하려 했던 머리뼈 측정이나 지능 검사가 모두 편향된 가설과 왜곡된 방법론에 기초했다는 사실이 밝혀졌다. 보아스 같은 인류학자들은 문화의 다양성과 상대성을 강조하면서 서구 문명의 우월함이란 허구에 불과하다는 사실을 밝혀냈다.

다음으로, 노동운동이 본격화되면서 적자생존이 순전히 기득권의 논리라는 사실이 더욱 분명해졌다. 당시 노동자들의 열악한 상황은 그들의 '열등함' 때문이 아니라, 제도적 착취 구조 때문이라는 인식이 퍼져 나갔다. 여성 참정권 운동가들 역시 마찬가지였다. 이들은 여성의 사회적 지위가 생물학적 열등함 때문이 아니라 차별적인 사회구조의 결과라고 주장했다. 특히 대공황은 사회진화론에 치명타를 날렸다. 수많은 기업이 파산하고 실업자가 거리에 넘쳐날 때 '이것이 과연 적자생존의 결과일까?'라는 의문이 생겨났다. 똑똑하고 성실한 사람들이 하루아침에 빈곤층으로 전락하는 상황을 보면서, 사회적 성공은 개인의 우월함이나 열등함의 문제가 아님이 분명해졌다.

식민지에서도 반격이 시작되었다. 독립운동가들은 '문명화의 사명'이 결국 약탈과 수탈의 다른 이름일 뿐이라고 폭로했다. 간디는 "당신들의 문명에 대해 어떻게 생각하느냐?"라는 질문에 "그것은 좋은 생각일 것 같다"라고 답했다.[20] 서구의 '문명화의 사명'을 정면으로 조롱한 것이다.

---

[20] https://www.modernghana.com/news/1040382/western-civilization-a-good-idea.html

마지막으로, 평등과 인권이라는 가치가 전 세계적으로 확산한 것이 결정적이었다. 이것이 도덕 차원의 문제만은 아니었다. 실제로 평등한 사회일수록 더 창의적이고 역동적이며, 결과적으로 더 발전한다는 사실이 밝혀지기 시작했다. 북유럽 복지국가들의 성공이 대표적인 사례였다. 적자생존이 아니라 상호 협력이야말로 발전의 동력이라는 사실이 입증되었다.

이제는 어떤 학자도 사회진화론을 진지하게 받아들이지 않는다. 과학을 가장한 허구이고 기득권의 이데올로기일 뿐이라 생각한다. 이렇게 사회진화론은 학문적으로 완전히 폐기되었지만, 우리 사회 곳곳에서 그 잔재를 발견하기란 어렵지 않다. '각자도생'이나 '승자독식'이란 말이 자연스럽게 받아들여지는 것을 보면 알 수 있다. 특히 신자유주의와 결합하면서 사회진화론은 새로운 모습으로 되살아나는 듯하다.

그중 능력주의가 대표적이다. 능력주의는 얼핏 보면 공정해 보인다. 실력과 노력만으로 평가받는다니 이보다 더 평등할 수 있을까? 하지만 자세히 들여다보면 능력주의는 스펜서의 적자생존과 닮았다. 왜냐하면 '능력 있는 자가 성공하는 것은 당연하다'라는 논리이기 때문이다. 여기서 능력이 과연 무엇인지, 그 능력이 어떻게 만들어졌는지는 묻지 않는다. 부모의 경제력이나 교육 환경 같은 것은 깔끔하게 지워 버린다.

입시 경쟁이나 취업 시장에서 비슷한 논리가 작동한다. "인생은 원래 불공평해", "경쟁은 피할 수 없어"라는 말들은 사회진화론의 현대판에 불과하다. 성공한 사람들의 자서전에서 흔히 보는 '열심히 하면 누구나 될 수 있다'라는 식의 이야기도 마찬가지다. 마치 성공이 온전히 개인의 능력과 노력의 결과인 것처럼 말이다.

기업 문화는 더 노골적이다. '우수 인재'와 같은 말을 아무렇지 않게 쓰고 실적 중심의 평가와 상대평가를 당연시한다. 저성과자 해고 제도는 노골적으로 '적자 탈락'을 제도화하고 '글로벌 경쟁'이니 '생존 경쟁'이니 하는 말로 이를 정당화한다. 록펠러가 "대기업의 성장은 적자생존"이라고 했던 것과 하나도 다르지 않다.

국가 간 관계에서도 사회진화론의 그림자가 어른거린다. '선진국'과 '후진국'이란 말부터가 그렇다. 마치 모든 나라가 같은 길을 걸어가는데, 어떤 나라는 앞서 있고 어떤 나라는 뒤처져 있다는 듯이 말이다. 국제 금융 기구들이 개발도상국에 구조조정을 강요하는 것은 19세기 제국주의의 '문명화의 사명'과 별반 다르지 않아 보인다.

심지어 환경 문제를 다룰 때도 이런 사고방식이 드러난다. '인류의 생존을 위해 약간의 희생은 불가피하다'라는 식의 주장이 대표적이다. 이는 환경 파괴로 삶의 터전을 잃는 이들의 고통을 '발전의 불가피한 희생'으로 정당화한다. 과거 식민지 수탈을 '진보의 필수 요소'라 했던 것과 똑같은 논리다.

이런 사고방식은 우리 사회를 조금씩 갉아먹는다. 협력과 연대는 사라지고 경쟁만이 미덕이 되는 사회, 승자와 패자로 갈라지고 그

격차는 점점 더 벌어지는 사회, 이것이 과연 건강한 사회일까? 사회진화론이 가짜 과학이었다는 사실을 우리는 이미 알고 있다. 그런데 왜 아직도 그 논리에 사로잡혀 있을까? 지금이라도 우리 사회에 뿌리 깊게 박혀 있는 사회진화론적 사고를 걷어내고 새로운 사회의 비전을 모색해야 한다.

4
현대 자본주의와 거대과학
거대 기업이 주도하는 거대과학

맨해튼 프로젝트

2차 세계대전은 여러모로 인류사의 중요한 분기점이었다. 과학에서도 마찬가지였다. 전쟁이 한창이던 1939년 알베르트 아인슈타인을 비롯한 일련의 과학자들이 프랭클린 D. 루즈벨트 대통령에게 편지를 보냈다. 편지에는 나치 독일의 핵무기 개발 가능성에 대한 우려가 담겨 있었다. 화들짝 놀란 미국 정부는 비밀리에 핵무기 개발에 착수했다. 이를 '맨해튼 프로젝트(Manhattan Project)'라 한다.

과학기술의 판이 완전히 바뀌는 순간이었다. 이전까지의 연구는 혼자 혹은 서너 명, 기껏해야 몇십 명이 팀을 이루었다. 하지만 맨해튼 프로젝트에는 10만 명이 넘는 과학자와 기술자가 동원되었다. 엔리코 페르미(Enrico Fermi), 리처드 파인먼(Richard Phillips Feynman), 한스 베테(Hans Albrecht Bethe) 등 내로라하는 과학자를 포함해서 수많은 물리학자, 화학자, 기술자가 24시간 3교대로 일했다. 투입된 돈은 상상을 뛰어넘는다. 4년여 동안 현재 가치로 30조 원 정도가 투입되었다.

프로젝트의 결과는 비극이었다. 1945년 8월 6일과 9일 일본의 히로시마와 나가사키에 핵폭탄이 떨어졌고, 이에 따른 사망자는 1945년 말까지 21만 명에 이르렀다. 부상자와 트라우마를 겪은 이들은 그 몇 배에 달했다. 이들 대부분은 군인이 아니라 민간인이었다. 자기가 나고 자란 도시에서 평범하게 살던 이들이 한순간에 죽었다.

사실 1944년 정도에 2차 세계대전의 전세는 연합군으로 완전히 기울었다. 핵폭탄이 없어도 결말이 보였다. 더구나 1945년 5월 독일이 항복하면서 이제 일본만 남은 상태였다. 일본은 대부분의 점령 지역을 연합군에 빼앗겼고, 미국의 지속적인 본토 폭격으로 산업 기반이 파괴되었다. 해상 봉쇄로 물자도 바닥났다. 패배는 시간 문제였다. 전쟁 초기에 자국 본토를 '불침항모'라며 기세등등하던 일본은 이제 '본토결전'이라며 자기네 영토에서 최후의 일전을 벌이겠다고 선언했다. 그 뒤 전황이 더 나빠지자 '일억총옥쇄'라며 전 국민이 죽을 때까지 싸우겠다고 떠벌렸다. 일본조차도 더 이상 전황을 되돌릴 수 없다고 판단하고 있었다.

그런데 왜 미국은 히로시마와 나가사키에 핵폭탄을 투하했을까? 여러 해석이 있지만, 동아시아 지역에서 소련을 견제하기 위해서라는 해석이 가장 유력하다. 독일이 항복한 뒤 이제 전선은 일본과 일본의 점령지, 곧 만주와 우리나라에만 남아 있는 상황이었다. 소련이 빠르게 개입할 것은 불 보듯 뻔했다. 소련은 8월 9일 일본에 선전포고했다. 다른 이유는 전후 국제사회에서 미국이 확실한 우위를 점하겠다는 속셈이었을 것이다. 이전 무기와는 차원이 다른 위력을 지닌 핵폭탄의 유일 보유국으로서 전후 세계의 주도권을 쥐겠다는 속셈 말이다. 또, 엄청난 예산을 쓴 맨해튼 프로젝트의 성과를 보여 주고 싶기도 했을 것이다. 하지만 어떤 이유도 수십만 명의 민간인 희생자를 낸 핵폭탄 투하를 정당화할 수는 없다.

당시 맨해튼 프로젝트에 참가한 과학자들 사이에서 이를 저지하려는 움직임이 일었다. 아인슈타인과 함께 편지를 쓰고 맨해튼 프로젝트에 참여한 물리학자 실라르드 레오(Szilárd Leó)는 과학자 70명의 서명을 받아 핵무기 사용을 중단하라는 청원서를 제출했다. 일본에 투하하기 전에 그 파괴력을 미리 보여 주는 시연을 하라는 것이 주요 내용이었다. 더불어 항복 조건을 제시하고 이를 거부할 때만 핵무기 사용을 고려하라고 요구했다. 이 청원서는 맨해튼 프로젝트를 총괄하는 제임스 F. 번스 국무장관에게 전달되었지만, 해리 트루먼 대통령에게는 전달되지 않았다.

결국 핵폭탄이 터졌고, 그 결과에 대해 일부 과학자들은 엄청난 충격을 받았다. 특히 맨해튼 프로젝트에 참가한 이들은 더했다. 1946년 이들이 원자과학자협회를 만들었다. 목적은 핵무기의 국제적 투명성과 공공 통제를 이루는 것이었다. 원자과학자협회는 1946년 《하나의 세계가 아니면 아무것도 없다(One World or None)》를 통해 핵무기의 위험성과 통제에 대한 대중 설득을 시작했다. 이 책에는 닐스 보어(Niels Henrik David Bohr), 아인슈타인, 로버트 오펜하이머(Julius Robert Oppenheimer) 등의 글이 들어 있다. 그 뒤 원자과학자협회는 미국과학자연합으로 이름을 바꾸고 활발하게 활동을 이어 나갔다. 하지만 이들의 바람은 끝내 이루어지지 않았다. 핵폭탄 투하는 과학자들에게 과학의 윤리에 대해, 그리고 과학의 미래에 대해 심각한 고민을 안겨 준 사건이었다.

가공할 핵무기의 위력을 눈으로 확인한 소련은 서둘러 핵폭탄을 개발했다. 전후 세계는 미국을 중심으로 한 자본주의 진영과 소련을 중심으로 한 사회주의 진영으로 나뉘고 둘은 치열한 냉전을 치르는 중이었으니 어찌 보면 당연할 수 있었다. 미국과 소련이 핵무기를 개발하자 영국과 프랑스도 가만히 있지 않았다. 영국과 프랑스는 세계대전 이전에는 세계를 좌지우지하던 2대 강국이었다. 새로 사회주의화한 중국 역시 예외가 아니었다. 1968년 핵확산금지조약으로 더 이상 핵보유국을 늘리지 말자는 국가 간 조약이 만들어졌다. 하지만 파키스탄과 인도가 경쟁하듯 핵폭탄을 개발하고 이스라엘이 핵무기를 보유하자 이란도 서둘렀다. 마지막으로 북한이 그 대열에 들어왔다.

거대과학과 군대

다른 측면에서 맨해튼 프로젝트는 하나의 분기점이었다. 바로 거대과학(Big Science)의 출현이다. 맨해튼 프로젝트에 수천 명의 과학자와 기술자가 참여했고, 수천억 원 이상의 막대한 예산이 들어갔다. 맨해튼 프로젝트 이후 미국과 소련 등의 강대국을 중심으로 20세기 내내, 그리고 21세기까지 다양한 거대과학 계획이 세워지고 수행되었다. 일반인에게 잘 알려진 것으로 인간을 처음으로 달에 보낸 아폴로 계획, 인간 유전체 전체를 해독한 인간게놈프로젝트, 유럽의 대형강입자가속기 등이 있고, 현재 진행 중인 것으로 아르테미스 계획, 국제핵융합실험로 등이 있다. 실제로는 이보다 훨씬 많은 거대과학이 있다.

말 그대로 거대과학이다 보니 개인이나 일개 연구소가 수행하기에는 벅차다. 그래서 정부가 주도하거나 여러 나라가 협력해서 진행한다. 눈에 띄는 연구는 우주 탐사와 입자물리학 분야다. 우주 탐사 분야를 보면, 일단 아폴로 계획 외에 소련의 소유즈 계획이나 국제우주정거장 등 직접 우주선을 쏘고 우주에 머무는 계획이 있었고, 허블우주망원경이나 제임스웹우주망원경, 레이저간섭계중력파관측소 등의 우주 탐사 계획이 진행 중이다. 입자물리학 분야에서는 대형강입자가속기 외에 한국에서 진행 중인 중이온가속기와 미국·일본·유럽의 각종 입자 가속기가 있고, 일본의 카미오칸데중성미자검출기 등이 있다. 그 밖에 핵융합 분야와 관련해서는 한국의 한국형핵융합연구로와 유럽의 국제핵융합실험로, 중국의 핵융합발전실험장치 등이 있다.

그러나 거대과학에서 가장 큰 비중을 차지하는 분야는 우주 탐사도 입자물리학도 핵융합도 아닌 군사다. 앞서 맨해튼 프로젝트를 비롯해 소련, 영국, 프랑스, 중국, 인도, 파키스탄, 이스라엘, 이란, 북한 등의 핵 개발이 거대과학에 속하고, 흔히 GPS라 부르는 위성항법시스템도 거대과학으로 분류된다. 미국이나 유럽, 러시아, 중국, 한국, 이스라엘, 일본 등의 탄도미사일과 위성방어체계 또한 거대과학이다. 그 밖에 거대과학의 영역에 있는 수많은 프로젝트가 있다.

이런 군사 분야 거대과학을 주도하는 나라는 미국이다. 미국은 누가 뭐라 해도 세계 최강의 군사력을 가진 나라다. 우스갯소리로 세계 1위 공군 전력을 가진 조직은 미국공군, 2위는 미국해군, 3위는 러시아, 4위는 미국해병대, 5위는 미국주방위군이라 한다. 그만큼 압도적이다. 해군 전력도 마찬가지다. 전 세계 항공모함은 27척인데, 그중 11척이 미국해군 소유다. 미국 다음이 중국으로 3척에 불과하다. 육군의 상징인 전차는 1위 미국이 6만여 대, 2위 러시아가 2만4,000여 대, 3위 중국이 2만여 대다. 각종 첨단 무기 또한 미국이 거의 최초로 개발하고 보유 중이다. 전 세계 어느 나라도 미국과 맞짱 떠서 이길 수 없다.

이렇게 압도적인 전력을 지닌 미군은 그런데도 새로운 첨단 무기를 개발하고 실전에 적용하는 데 아낌이 없다. 2022년 기준 미국

연방 연구개발(R&D) 예산 가운데 약 41%를 국방부에 할당할 정도다. 방심하지 않겠다는 마음가짐일 수 있지만 너무 지나치다고 생각하지 않을 수 없다.

여기에는 몇 가지 이유가 있는데 그중 하나가 군산복합체라는 카르텔이다. 현존하는 가장 비싼 무기는 F-35 전투기다.[21] 개발에만 3,910억 달러, 곧 500조가 넘는 돈이 투입되었다. 50년간 운영·유지하는 비용까지 포함하면 약 1조5,000억 달러, 곧 2,000조 원 정도가 들 것으로 추산한다. 2008년 미국 대선 후보였던 존 매케인 상원의원은 전쟁영웅 출신으로, 상원 군사위원회에서 상당한 영향력을 발휘하고 있었다. 그는 2011년 상원에서 "F-35 프로그램은 스캔들이자 비극이다"라고 말했다. 다음 해 미국해병대는 그의 지역구인 애리조나주에 첫 F-35 부대를 창설했다. 그러자 매케인 의원은 창설식에서 "여러 해 동안의 실망과 차질 뒤에 전반적인 프로그램이 올바른 방향으로 가고 있는 데 대해 고무되었다"라고 말했다. 자기 지역구에 새로운 일자리가 창출되자 말을 바꾼 것이다.

F-35는 세계 최대 군수 업체인 록히드마틴이 2001년부터 추진하는 프로젝트로, 스텔스 기능과 각종 첨단 장비를 갖춘 '5세대 전투기'다. 이 전투기 한 대에 5만여 개의 부품이 들어가는데 이를 위한 공장, 연구 시설, 부품 조달 업체가 미국의 50개 주 가운데 47개

---

21 F-35 관련 에피소드는 "'피를 먹고 사는 괴물' 미 군산복합체 F-35 전투기로 본 이들의 생존전략", 〈한겨레〉, 2013.6.20.을 참고했다.

주에 흩어져 있다. 3만여 개의 부품이 들어가는 자동차를 만드는 현대자동차의 부품 업체가 주로 울산과 마산, 창원 등 경상남도에 집중된 것과 사뭇 다르다. 한국보다 훨씬 넓은 땅덩어리를 자랑하는 미국에서 물류를 생각하더라도 록히드마틴이 거의 전국에 걸쳐 생산 시설과 연구 시설, 부품 업체를 분산한 것은 전혀 효율적이지 않다. 그런데도 그렇게 하는 이유는 매케인 의원처럼 지역구를 가진 국회의원을 공략하기 위해서다. 각 주에 있는 록히드마틴의 부품 업체들과 직원들은 지역구 의원에게 F-35 사업에 대한 지지 의사 밝히기를 요구하는 편지를 계속 보냈다. 여기에 그치지 않았다. 535명의 상·하원의원 중 425명에게 정치자금을 제공했다.

군산복합체는 이렇게 군대와 기업, 그리고 정치인 사이의 끈끈한 관계를 이용해서 더 많은 예산, 더 높은 사양, 더 광범위한 무기 체계를 만들고 이를 위해 정부 예산을 사용한다. 미국이 주도하지만, 미국 안에만 존재하는 카르텔이 아니다. F-35 개발에는 영국, 네덜란드, 노르웨이 등 8개국이 참여했다. 이들은 연구에 참여하고 부품을 생산한 대가로 세계에서 가장 훌륭한 전투기를 살 수 있다. 그리고 전투기가 많이 팔릴수록 록히드마틴은 더 많은 수익을 올리고 전투기 단가가 낮아지니 미국국방부는 구매 예산을 낮출 수 있다. 전투기 수출을 외교 전략으로 사용하고 있는 것이다.

물론 어둠 속에서 세계 군수 시장을 조종하고 이를 위해 전쟁을 일으키는 음모론의 군산복합체는 상상의 존재다. 그러나 기업의 이윤과 군부의 존재감, 그리고 지역구의 일자리와 정치자금으로 연결된 군산복합체는 군비 경쟁을 추동하는 중요한 동력이다. 이렇게 군비 경쟁이 시작되면 특별한 이유가 없는 이상 국가 간의 양적 되먹임이 일어난다. 서로 상대 국가가 군비 확장하는 것을 자신의 군비 확장에 대한 근거로 삼는다. 미국은 20세기 내내 이를 소련 등 사회주의 진영에 대한 전략으로 써먹었다. 그 결과 미국보다 경제력이 약한 소련 등이 군비 경쟁에 나서면서, 예산에서 국방비의 비율이 지나치게 높아졌고 이에 따라 경제적 어려움이 가중되었다.

이는 미국에도 좋은 일이 아니었다. 과도한 군사비 지출로 교육, 의료, 복지 등 사회 서비스에 대한 투자가 줄어들면서 사회적 불평등이 커졌다. 미국이 선진국 가운데 가장 불평등이 심한 나라인 이유 중 하나다. 또한 군수 산업은 다른 산업의 발전을 저해하고 경제 구조를 왜곡시킬 수 있다. 다른 제품은 삶의 질을 높이고 다른 산업을 추동하는 효과가 높지만, 군수 산업은 말 그대로 '전쟁이 일어나지 않는다면' 말짱 쓸모없는 제품만 만들기 때문이다. 세계 평화와 군축에서 갈수록 멀어진다는 점도 중요하다.

군산복합체의 거대과학은 강대국 주도로 이루어진다. 흔히 국방 예산에 1,000조 원을 쓴다고 해서 '천조국'이라 불리는 미국이 대표적이고 중국, 러시아, 영국, 독일이 뒤를 잇는다. 한국은 10위로 약 500억 달러, 곧 70조 원을 국방 예산으로 사용한다. 물론 2~10위 나라의 국방 예산을 모두 합해도 미국 한 나라만 못하다. 또 20위까지 중 아프리카와 중남미, 동남아시아 국가는 단 하나도 없다. 유럽을 제외하면 인도, 타이완, 싱가포르, 이스라엘, 사우디아라비아 정도가 들어갈 뿐이다. 사정이 이러니 당연히 강대국과 그렇지 않은 나라 사이의 군사력 격차는 더 벌어진다.

과학과 기술 또한 군산복합체에서 벗어날 수 없다. F-35의 주요 특징인 스텔스 기능을 살펴보자. 일반적으로 스텔스는 적의 레이더에서 전투기를 식별할 수 없게끔 하는 것을 주로 지칭한다. 초음속으로 나는 전투기를 파악하는 가장 일반적인 방법이 레이더라서 이를 피하기만 하면 아주 유리하다. 레이더가 전투기를 파악하는 원리는 간단하다. 전파를 쏜 다음 비행기에 맞고 반사된 전파를 탐지한다. 따라서 스텔스는 전파를 흡수하는 방법과 전파가 레이더로 되돌아가지 않고 엉뚱한 방향으로 반사되도록 하는 방법, 이 두 가지를 사용한다.

우선, 레이더 흡수 물질을 비행기 표면에 바른다. 2차 세계대전 때 흑연을 바르는 것에서 시작해 그 뒤 미국, 러시아, 일본, 한국 등에서 이 물질을 독자적으로 개발하고 있다. 동체 전체에 바르지 않고 레이더 전파 반사 면적이 큰 곳에 부분적으로 바른다. 이를 위해서 재료공학이 필수적이다. 요사이는 초소형 구조나 메타물질 등을 이용한 새로운 레이더 흡수 물질을 개발하는데, 이를 위해서 나노공학이 필수적이다. 이 칠감 개발에 대학과 기업, 군대 연구소 등이 참여한다.

다음으로, 외부 형태를 잘 설계해서 레이더 방향으로 전파가 되돌아가지 않도록 한다. 외형은 비행기 성능에 큰 영향을 끼친다. 공기역학에 대한 이해가 필수적이다. 또 이를 실제로 적용하기 전에, 그리고 적용한 뒤 나타난 문제점 개선을 위해 시뮬레이션이 필요하니 컴퓨터 과학이 필수적이다. 레이더 자체에 대한 이해는 기본 중 기본이니 전자기학과 광학은 말할 필요도 없다.

이런 기술들을 개발하기 위해 우선, 대학의 연구자들이 기초과학 연구를 수행한다. 새로운 재료의 전자기적 특성과 복잡한 형상의 레이더 반사 패턴 등을 연구한다. 국방부나 방위산업체가 연구 자금을 지원하고 매사추세츠공과대학교(MIT), 스탠퍼드대학교, 조지아공과대학교 등이 이를 수행한다. 다음으로, 정부 출연 연구소가 응용 연구와 개발을 담당한다. 미국의 국방고등연구계획국이나 한국의 국방과학연구소 등이 스텔스 기술 개발에 참여하고 있다. 그리고 군 연구소는 실제 무기 체계에 적용될 기술의 개발과 테스트를 담당한다. 미국공군연구소나 미국해군연구소가 하는 일이다. 마지막으로, 기업의 연구소는 상용화가 가능한 기술 개발에 초점을 맞춘다. 이를 위해 록히드마틴, 노스롭그루먼 등 대형 방위산업체들이 자체 연구소를 운영하고 있다.

위성항법시스템과 스핀오프 기술

어떤 이들은 군대에서 사용할 목적으로 연구하고 개발한 기술이 다른 부문에 활용되면서 인류에게 긍정적인 영향을 끼친다고 이야기한다. 이를 '스핀오프(spin-off)' 기술이라 하는데, 군사용 연구를 정당화할 때 자주 인용된다.

스핀오프 기술이 꽤 있다. 대표적인 예가 흔히 'GPS'라 부르는 위성항법시스템이다. GPS는 위성항법시스템 중 미국국방부가 개발해 관리하는 범지구위치결정시스템(Global Positioning System)의 약칭이다. 마치 '스테이플러' 대신 브랜드 이름인 '호치키스'를 쓰는 것과 같다. 미군이 위성항법시스템을 개발한 이유는 말 그대로 항법을 위해서다. 항법이란 항공기나 선박, 차량 등을 한 장소에서 다른 장소로 이동시키는 방법 또는 기술을 가리킨다.

한 장소에서 다른 장소로 가기 위해 처음 할 일은 자신의 위치를 정확히 아는 것이다. 아주 예전에는 직접 눈으로 주변 지형지물을 보거나 하늘의 별, 태양, 달 등을 보는 방법을 사용했다. 그러다 19세기 후반부터는 기지국에서 보내는 전파 무선 신호를 가지고 위치를 알아냈다(무선항법). 또 하나는 관성항법으로, 자이로스코프라는 기구를 이용해서 위치를 확인한다.

그런데 어느 날 미군에 이 기지국을 쓸 수 없는 무기가 생겼다. 전투기는 이륙하는 활주로가 기준이므로 이륙 뒤에는 무선항법이나 기지국을 이용하면 된다. 미사일도 발사하는 위치가 기준이므로 큰 문제는 없다. 하지만 원자력잠수함이 등장하면서 문제가 생겼다. 원자력잠수함은 소형 원자로를 동력으로 삼아, 이론적으로는 몇 년 동안 물 위로 올라오지 않고 계속 잠수할 수 있다. 그러나 현실에서는 석 달에서 넉 달 정도 작전을 수행한다. 이 원자력잠수함이 핵 탄도미사일을 탑재하면 탄도미사일원자력잠수함, 곧 '전략원잠'이 된다.

2차 세계대전 이후 소련과 미국을 중심으로 핵폭탄 경쟁이 시작되었다. 핵폭탄을 나르는 수단은 크게 두 가지다. 하나는 폭격기이고 다른 하나는 미사일이다. 그중 더 위협적인 것은 미사일이다. 폭격기가 뜨면 방어하는 처지에서는 요격 미사일을 쏠 수 있고 전투기를 보낼 수 있다. 하지만 미사일은 쉽게 방어하기 어렵다. 그렇다고 해서 방법이 없는 것은 아니다. 상대방 미사일 기지가 어디에 있는지 대충 알고 있고, 인공위성 등을 통해 이동형 발사대를 계속 감시할 수 있기 때문이다.

하지만 잠수함에 실린 핵미사일은 다르다. 현재 어디에 있는지 알 수가 없다. 만약 잠수함이 해안 가까이 가서 불시에 떠올라 미사일을 쏜다면 이보다 큰 재앙은 없을 것이다. 현재 전략원잠 하나가 2차 세계대전 때 히로시마에 떨어진 핵폭탄 32배 위력의 핵탄두 192발을 탑재하고 있다. 더구나 본토가 적의 공격으로 완전히 박살나도 잠수함은 여전히 보복할 전력을 가지고 운용할 수 있다. 그래서 핵미사일을 탑재한 전략원잠은 최후의 무기라 불린다.

원자력잠수함이 미사일을 발사하려면 앞서 이야기한 것처럼 자신의 위치를 정확히 알아야 한다. 넓은 바다 한가운데서 불쑥 솟아올랐으니, 무선항법을 지시할 기지국이 없고 자이로스코프를 통한 관성항법도 부정확하다. 그래서 생각한 것이 인공위성으로 위치 알려 주기다. 이론적으로 인공위성 3개와 교신하면 자기 위치를 정확히 알 수 있다. 이를 위해 미군은 현재 30대가 넘는 인공위성을 지구 궤도에 올려 운영하고 있다. 이렇게 GPS를 운영하다 보니 잠수함만 아니라 지상군, 해군, 공군에서도 꽤 유용하게 사용한다. 정찰위성을 통해서 확보한 적군의 동향을 GPS와 결합하니 정확도가 아주 높아졌다. 군사적으로 아주 쓸모가 크다.

1983년 미국에서 출발해 김포국제공항으로 오던 대한항공 여객기가 사할린 근처에서 소련 전투기에 격추당하는 사건이 발생했다. 비행기 조종사들이 경로를 잘못 설정해 소련 영공으로 들어갔다. 이 사건을 계기로 미국 정부는 GPS를 민간에게 공개했다. 그 뒤 비행기만이 아니라 아주 다양한 곳에서 위성항법시스템을 사용하고 있다. 휴대전화 지도 앱을 켜서 자신의 위치를 확인하는 것도, 자동차 내비게이션도 위성항법시스템을 이용한다. 자율주행 자동차에서 위성항법시스템은 필수적이다. 선박들은 대부분 위성항법시스템을 이용한다.

이렇게만 놓고 본다면 위성항법시스템이 군사용으로 개발되었다 하더라도 유용하니 스핀오프 기술이 좋은 것 아니냐고, 군사용 연구도 괜찮은 측면이 많다고 생각할 수 있다. 그런데 현재 위성항법시스템은 미국의 GPS 하나만이 아니다. 러시아의 글로나스, 유럽연합의 갈릴레오, 중국의 베이더우 등 지구 전체를 담당하는 4개의 위성항법시스템이 있다. 일본과 인도는 자기네 나라 주변만을 대상으로 위성항법시스템을 운영하고 있으며, 한국은 개발 중이다. 앞으로 더 많은 나라들이 독자적인 위성항법시스템을 운영하려 할 것이다. 이론적으로는 하나의 시스템만 있어도 전 세계가 쓸 수 있는데 왜 이렇게 많을까? 이유는 단 하나, 원래 군사용이기 때문이고 최초 개발국인 미국이 GPS 운영을 독점하고 있기 때문이다.

미국이 GPS를 처음 운영하던 당시 미소 대결이 한창이었다. 당연히 소련은 미국의 GPS 이용을 상정하지 않았다. 소련은 독자적인 위성항법시스템을 만들었다. 21세기에 들어 중국은 미국과 어깨를 나란히 하려는 속셈을 숨기지 않고 가장 강력한 경쟁자로 올라섰는데, 미국의 GPS를 이용하는 것이 마뜩잖으니 독자적인 위성항법시스템을 구축했다. 유럽연합도 마찬가지였다. 미국과의 관계는 우호적이었지만, 그렇다고 미국만 믿을 수는 없었기 때문이다. 만약 위성항법시스템을 군사용으로 개발하지 않고 유엔 산하에 특별기구를 두어 개발하고 운영했다면, 이렇게 중복 투자가 일어나지 않고 더욱 촘촘하게 사용할 수 있었을 것이다. 그 과정에서 다양한 연구를 공유하면서 말이다.

다른 스핀오프 기술이라고 다를까? 드론 기술을 예로 들어보자. 드론은 군사용 기술과 민간 기술을 섞은 결과다. 미군은 1960년대부터 정찰용 무인 항공기를 개발하고 사용했다. 그리고 당시 시민들은 모델 항공기 제작을 취미로 삼았다. 이처럼 원격조종비행기(보통 RC비행기라고 한다) 기술은 민간 영역에서 발전했다. 여기에 스마트폰의 대중화로 가속도계와 자이로스코프 같은 센서 기술, 무선통신 기술이 발달하면서 소형 드론의 성능이 향상되었다. 또한 스마트폰과 전기차 산업의 발전에 따라 배터리 기술이 향상되면서 배터리의 무게는 가벼워졌고, 용량은 커졌다. 이런 기술의 집합체가 현재의 드론이다. 만약 군사 연구만을 통해서 드론을 개발하려 했다면 이런 다양한 기술의 결집은 이루어지지 않았을 것이다. 군사용 드론 하나를 만들기 위해 이런 다양한 기술을 개발하는 것은 아무리 군대라 하더라도 예산을 확보하기 쉽지 않다.

또, 기술을 개발했더라도 공유하지 않았을 것이다. 과학과 기술은 공유를 통해 빠르게 발전할 수 있는데 군대는 공유와 거리가 먼 집단이다. 군대를 배경으로 하는 과학기술 개발은 이렇게 폐쇄성을 띠기 때문에 중복되는 경우가 많다. 핵무기 개발이 그랬고, 초음속비행기가 그랬다. 영국과 프랑스가 한 팀이었고, 미국 따로, 소련 따로였다. 레이저 무기도 마찬가지로 미국, 러시아, 중국 등이 따로 개발했다. 극초음속 무기, 인공위성 요격 무기, 무인 전투기 모두 중복으로 개발되었고, 스핀오프 기술도 마찬가지였다. 레이더 기술은 영국, 미국, 독일, 소련 등이 독립적으로 개발했고, 합성고무는 2차 세계대전 중 미국, 독일, 소련이 따로 개발했다.

이미 개발된 군사 기술을 민간에 적용하는 것이 나쁘다는 주장이 아니다. 스핀오프 기술을 예로 들면서 군사 기술 개발에 막대한 돈과 인력을 쏟아붓는 것을 정당화할 수는 없다는 말이다. 스핀오프는 예외적인 사례일 뿐이다. 대부분의 군사 기술은 민간에 적용되기 어렵거나 적용 과정에서 막대한 추가 비용 및 시간이 소모된다.

우리가 사용하는 서비스와 제품은 항상 가성비를 생각하기 마련이다. 하지만 군은 성능과 효과가 우선이고, 비싼 가격이나 다른 문제점은 쉽게 감내한다. 예를 들어 군에는 몇십 년 전부터 초음속 전투기가 있었지만, 민간 항공기 회사에는 초음속 여객기가 없다. 예전에 콩코드 여객기가 유럽과 미국 동부 사이의 대서양을 다니긴 했지만, 경제성이 떨어지고 소음 문제가 심각해서 지속 가능한 민간 항공 서비스로 발전하지 못했다. 또 초음속 전투기는 대당 가격이 수천억 원에 달하지만, 군은 기꺼이 돈을 주고 산다. 한 번 비행할 때마다 엄청난 연료를 쓰고 유지·보수 비용이 많이 들지만 모두 감내한다. 그러나 민간인이 타고 다니는 비행기는 그럴 수 없다.

대개의 스핀오프 기술은 필요성이 있으면 민간에서 개발할 수 있는 것들이다. 군대가 먼저 개발한 이유는 군사적 필요성이 민간의 필요성보다 앞섰기 때문이다. 이처럼 민간 부문에서 개발한 새로운 기술 가운데 상품화되지 않은 것이 상당히 많다. 대부분 필요성이 떨어지고 상품으로 만들려니 가격이 너무 비싸서 그렇다.

무엇보다 스핀오프 기술에 대한 강조는 목적과 수단의 전도라는 윤리적 문제를 외면한다. 앞서 말했듯이 정부는 나중에 다른 용도로 쓸 것을 염두에 두고 군사 기술을 개발하지 않는다. 더구나 그런 기술 개발에 막대한 국가 예산을 투입한다. 이는 더 시급한 사회문제 해결을 위해 사용할 수 있는 인적·물적 자원을 군대를 위해 전용하는 행위다. 기후 위기에 대한 대응 기술이나 난치병 치료법 개발, 환경 보존 등에 투여할 예산을 빼앗는 셈이다.

우주 거대과학

"한 사람에게는 작은 한 걸음이지만 인류에게는 위대한 도약이다." 닐 암스트롱이 처음 달에 발을 내디디며 한 말로, 지금껏 꾸준히 인용되고 있다. 하지만 우리는 미국의 아폴로 계획이 냉전의 결과임을 잘 알고 있다.

소련과 미국은 2차 세계대전 뒤 독일의 앞선 로켓 기술을 앞다투어 자기 것으로 만들었다. 독일의 과학자와 기술자는 소련과 미국으로 강제적 혹은 자발적으로 향했다. 시작은 핵폭탄을 실을 장거리 미사일을 개발하려는 계획이었다. 히로시마에는 전폭기로 폭탄을 날렸지만, 2차 세계대전 때 독일의 V2 로켓을 경험한 이들은 장거리 미사일이 핵폭탄 운반에 가장 적합하다고 생각했다.

핵심은 대륙간탄도미사일이었다. 소련이 기선을 잡았다. 1957년 세계 최초의 대륙간탄도미사일을 성공적으로 시험 발사했다. 애가탄 미국은 바로 다음 해 대륙간탄도미사일 아틀라스를 시험 발사했다. 대륙간탄도미사일은 일단 대기권 밖으로 갔다가 다시 떨어지는 형태다. 만약 대기권 밖으로 가서 계속 지구 주위를 돌면 인공위성이 된다. 기술적으로 둘은 별 차이가 없다.

소련은 대륙간탄도미사일을 쏜 두 달 뒤 최초의 인공위성 스푸트니크1호를 발사했다. 그러자 다급해진 미국은 아틀라스를 발사하기 전에 인공위성 익스플로러1호를 발사했다. 당시의 인공위성은 별다른 기능이 없었다. 별 의미 없는 전파를 쏘아 기술력을 자랑할 뿐이었다. 그럼에도 비싼 비용을 들이며 발사한 데는 몇 가지 이유가 있다. 평화적이고 과학적인 목적이 있었지만, 그것은 전체의 1% 정도나 되었을까? 자본주의 체제와 사회주의 체제의 대립에서 자국 체제의 우월성을 과시하고 내국민의 지지를 모으려는 것이 가장 큰 이유였다. 자기들의 기술력을 과시하려는 목적도 있었을 것이다. 그리고 우주에서 주도권을 잡으면 향후 군사적 우위를 확보할 수 있다고 생각했을 것이다.

이렇게 두 나라가 인공위성을 쏜 다음의 목표는 누가 먼저 인간이 탄 우주선을 지구 밖으로 보내냐는 것이었다. 여기서도 소련이 이겼다. 1961년 유리 가가린(Юрий Алексе́евич Гага́рин)이 보스토크1호를 타고 최초로 지구 궤도 비행에 성공했다. 미국이 또 한 발 뒤졌다. 다음은 우주선 밖으로 사람 내보내기다. 이번에도 소련이 이겼다. 1965년 소련의 알렉세이 레오노프(Алексе́й Архи́пович Лео́нов)가 최초로 우주 유영에 성공했고, 미국은 석 달 뒤져 우주 유영에 성공했다.

　미국은 미칠 지경이었다. 전 세계가 지켜보는 가운데 소련이 거의 10년 동안 항상 우위를 차지하자, 마치 사회주의 체제의 우월성을 보여 주는 것 같았다. 애가 탄 미국은 자국의 인적·물적 자원을 총동원해 달에는 우리가 먼저 가겠다고 선언했다. 존 F. 케네디 대통령의 "쉬워서가 아니라 어렵기 때문에 한다"라는 말은 당시의 절박함을 표현한 것이었다. 더구나 미국과 소련은 이 무렵 쿠바를 놓고 거의 핵전쟁 직전까지 간 상황이었다.

　당시 소련의 기세가 하늘을 찔렀지만, 경제 규모나 기술 수준을 보면 미국이 지고 있는 상황이 더 이상했다. 소련은 비용을 감당하기 부담스러운 데다, 당시 우주 계획을 주도하던 세르게이 코롤료프(Сергéй Пáвлович Королёв)의 사망, 새 로켓 엔진 개발 실패 등이 겹치면서 점차 우주 개발이 지지부진해졌기 때문이다. 그 와중에 미국은 가용할 수 있는 모든 자원을 동원해 결국 달 착륙에 성공했다. 달에 최초로 사람이 착륙한 날은 그래서 "인류의 위대한 도약"이었고, 미국이 소련에 승리한 날이었다. 자본주의 진영이 사회주의 진영에 최초의 승리를 획득한 상징적인 날이었다.

　우주 진출은 인류의 꿈이며, 우주선이나 인공위성의 개발은 중요한 의미가 있다. 삶의 질을 높일 수 있고 과학적 의미가 크다. 하지만 스핀오프 기술에서 이야기했듯이, 미국과 소련의 경쟁이나 군사적 목적이 아니라 유엔 같은 국제기구에서 인류 전체의 힘을 모아 진행했다면 더 좋은 성과를 인류가 공유했을 것이다. 아예 군사용 인공위성 금지 조약을 맺었다면 더 좋았을 것이다. 우주는 어느 나라도 군사용으로 사용할 수 없다고 말이다.

어쨌든 20세기 후반에 우주는 거대과학의 주된 무대 중 하나였다. 그 무대에서 가장 중요한 역할을 미국이 했다. 나머지는 대부분 조연도 아니고 단역 정도에 불과했다. 미국은 금성과 화성을 탐사했고, 목성과 토성 탐사선을 비롯해 태양계를 넘어 심우주로 향하는 보이저호를 발사했다. 우주 탐사의 새 지평을 연 허블우주망원경도 미국 차지였다. 그나마 소련이 러시아로 바뀌면서 나름 우주에 대한 지분을 주장할 만한 역할을 했다. 러시아는 국제우주정거장으로 사람과 물자를 보내고 받는 일을 전담했다.

하지만 21세기에 들어서면서 상황이 바뀌었다. 미국과 러시아 외에 일본, 유럽연합, 중국 등 새로운 경쟁자가 등장했다. 물론 제임스웹우주망원경이나 아르테미스 계획을 진행하는 미국이 가장 앞서기는 하지만 나머지 국가들도 그냥 넘어가지는 않는다. 미약하지만 한국도 한 발을 걸치고 있다. 이제 우주 경쟁은 체제 경쟁을 벗어나 실질적인 이해관계가 되었다. 그 이유는 무엇일까?

우선, 인공위성의 쓰임새가 늘어났다. 군사용 위성뿐 아니라 인터넷·텔레비전·항공·군사 등의 통신위성, 기상·재해 감시·해양 관측·대기 관측 등의 관측위성, 항법위성, 과학위성 등이 지구의 하늘을 가득 날고 있다. 그러면서 경제와 안보에서 이들 인공위성의 중요성이 커졌다. 가령 군사위성을 요격하면 적국이 대륙간탄도미사일을 쏠 수 없고, 우리 군대의 이동 상황을 숨길 수 있다. 또 항법위성을 요격하면 적국의 항법 시스템을 정지시킬 수 있다. 그래서 이들 위성에 대한 요격을 막기 위한 방어 시스템이 필요하다. 말뿐이 아니라 '우주군'이 실제로 필요해진 것이다. 20세기가 우주 탐사의 시대였다면, 21세기는 우주 진출, 우주 개발의 시대가 될 가능성이 크다. 경제적·군사적 가치가 20세기와 비교되지 않는다.

다음으로, 일론 머스크의 스페이스X로 대표되는 민간 기업의 진출 또한 21세기 우주 거대과학의 특징이다. 발사체 시장이 먼저 열렸다. 인공위성이 늘어나니 이를 지구 궤도에 올리는 발사체 사업이 돈이 되고 자국 미사일 개발에 필요해서다. 20세기만 하더라도 인공위성 등을 지구 궤도에 올리는 발사체를 대부분 정부가 통제했다. 몇 곳 없었다. 1980년 미국과 소련 정도가 다였고, 그 밖에 유럽의 아리안스페이스는 민간 기업 형식이지만 유럽연합의 통제 아래 있었다. 그런데 지금은 미국의 스페이스X가 전체 발사체 시장의 50% 정도를 점유하고 있고, 로켓랩이 소형 위성 시장에 진출했으며, 제프 베조스의 블루오리진이 시장에 진입하려 한다. 국영기업으로는 중국의 중국항천과기집단공사가 상업 발사체 시장의 10% 정도를 차지하고 있다. 그리고 인도, 한국, 일본, 이란, 아랍에미리트 등이 발사체 시장에 뛰어들었거나 준비 중이다.

위성 인터넷은 이미 기업들의 각축장이 되었다. 가장 앞선 스페이스X는 현재 5,000개 이상의 인공위성을 배치하고 서비스를 제공하고 있다. 그리고 유텔셋과 합병한 원웹이 600개의 위성으로 이미 시장에 뛰어들었다. 또 기존 통신위성 사업자인 에스이에스, 비아셋이 위성 인터넷 사업을 진행 중이며, 미국의 아마존, 중국의 국영기업 갤럭시스페이스, 텔레샛 등이 위성 인터넷 사업 진출을 준비 중이다. 그 밖에도 인공위성의 관측 데이터 서비스와 우주 관광, 민간 우주 정거장이 새로운 사업 영역으로 떠오르고 있다.

이처럼 우주 거대과학은 이제 기업에 주도권이 많이 넘어갔다. 머스크의 스페이스X가 벌이는 스타링크 사업은 개별 기업이 어디까지 일을 벌일 수 있는지를 보여 주는 대표적인 사례다.

기업이 주도하는 21세기 거대과학

이런 기업 주도의 거대과학은 우주 분야에 한정되지 않는다. 왜냐하면 거대과학을 이끄는 기업의 규모가 20세기와 비교되지 않을 정도로 커졌기 때문이다. 선진국은 20세기 중반 이후 매년 1~2% 정도의 경제성장률을 기록했다. 하지만 기업은 보통 5%, 빠르게 성장할 때는 10%를 훌쩍 넘겼다. 이런 차이가 쌓이면서 세계적인 기업의 매출 규모가 웬만한 국가를 따라잡았다. 당장 삼성전자의 한 해 매출액이 200조 원을 넘어선 지 오래다. 매출액의 10% 이상을 연구개발에 쓴다고 가정하면 한 해 20조 원이 넘는 돈을 투자하는 셈이다. 실제로 2023년도 삼성전자의 연구개발비는 28조 원을 넘어섰다. 선진국이면서 인구가 적은 스웨덴, 이스라엘, 벨기에와 비슷한 수준으로, 삼성을 국가로 친다면 세계 20위권이다.

기업이 주도하는 거대과학의 대표적인 예로 인공지능이 있다. 인공지능 개발의 선두 주자인 오픈AI는 투자받은 돈만 2024년 현재 179억 달러, 곧 20조 원이 훌쩍 넘는다. 인공지능 개발에 그중 최소한 절반 이상을 썼다면 단일 기업이 10조 원 넘는 연구비를 쓴 셈이다. 최근 공개된 GPT-4는 학습에 쓰인 컴퓨터 자원만 해도 수천 대의 고성능 GPU(그래픽 처리 장치)를 수개월간 가동해야 하는 수준이다.

이런 규모의 개발은 물론 아무 기업이나 하는 것이 아니다. 전 세계적인 거대 기업만이 가능하다. 오픈AI 외에 인공지능을 주도하는 구글·마이크로소프트·앤트로픽 같은 미국의 민간 기업과 한국의 네이버·LG·삼성, 프랑스의 미스트랄 역시 민간 기업이면서 모두 1조 원 이상의 연구비를 사용한다. 문제는 이런 거대 자본이 투입된 인공지능 기술이 소수 기업의 손에 집중되면서 기술의 발전 방향이나 활용 방식이 기업의 이해관계에 따라 좌우된다는 점이다. 실제로 GPT-4는 공개 당시보다 능력을 의도적으로 제한했다는 의혹이 있고, 구글은 초기에 자사의 최신 인공지능 모델 제미나이를 아예 공개하지 않았다. 인류의 미래를 크게 바꿀 수 있는 기술인데도 그 발전 과정이나 작동 원리가 기업 비밀이라는 이유로 베일에 가려져 있는 것이다.

정보통신 분야 대기업은 거대과학이라 불리지 않지만 실제로 거대과학을 주도하는 사례가 많다. 반도체가 대표적이다. 요사이 타이완의 반도체 제조 기업 TSMC가 주도하고 삼성전자가 부지런히 뒤쫓는 '시스템 반도체'를 살펴보자.

반도체를 만드는 장비 중 하나인 극자외선 노광 장비는 네덜란드의 다국적 기업 ASML이 독점적으로 파는데, 한 대 가격이 수천억 원이다. 이 장비를 ASML 혼자서 개발한 것이 아니다. ASML과 협력하는 수많은 기업이 있다. 이런 장비들을 모아 시스템 반도체를 만드는 과정은 그야말로 수천 개의 기업과 그 기업에 속한 연구자들, 그리고 그들과 협력 관계에 있는 대학 연구소들의 협업으로 이뤄진다. 한곳에 모여 있지 않고 자기 예산을 따로 가지고 쓰지만 엄연히 거대과학이다.

문제는 이런 기술을 소수 기업이 독점하면서 전 세계 산업이 이들에게 종속되는 현상이 벌어진다는 점이다. 첨단 시스템 반도체 생산은 TSMC와 삼성전자가 사실상 양분하고 있다. 이들이 생산을 중단하면 전 세계 전자제품 생산이 멈출 수 있다. 극자외선 노광 장비 역시 ASML이 독점 생산하면서, 이 회사의 수출 통제 여부가 한 국가의 산업 발전을 좌우할 정도가 되었다.

제약 분야도 마찬가지다. 다국적 제약·바이오 기업의 매출액은 100조 원을 가뿐하게 뛰어넘는다. 이들은 신약 개발에 엄청난 비용을 투자하는데, 한 가지 신약을 개발하는 데만 보통 1조 원이 넘는다. 문제는 이런 거대한 연구개발이 전적으로 기업의 이윤 논리에 따라 움직인다는 사실이다. 대표적인 사례가 앞서 말한 소외열대 질환이다. 매년 10억 명이 넘는 사람들이 뎅기열, 샤가스병, 주혈흡충증 같은 열대성 질환으로 고통받지만, 이런 병들은 대부분 가난한 나라에서 발생하므로 제약 회사들이 치료제 개발을 꺼린다. 반면 탈모나 주름 개선 같은 선진국의 기호성 의약품 개발에는 막대한 연구비를 투입한다. 전 세계 제약 회사의 연구개발비를 모두 합치면 어마어마한 금액이지만, 이 돈은 결국 수익이 나는 곳에만 집중된다.

거대과학의 민간 주도 현상은 여기서 그치지 않는다. 대표적으로 자율주행차 개발이 있다. 테슬라는 이미 수백만 대의 차량에서 수집한 실주행 데이터를 바탕으로 자율주행 기술을 개발하고 있다. 그리고 구글의 자회사인 웨이모는 미국 여러 도시에서 완전 자율주행 택시를 시범 운행하는데, 여기에 애플, GM, 현대자동차 등이 수조 원을 투자하고 있다. 자율주행은 단순한 자동차 기술을 넘어 도시 인프라와 교통 체계, 나아가 도시 설계 자체를 바꿀 수 있는 기술이다. 그런데 이런 기술이 소수 기업의 손에 들어가면서 도시의 미래가 이들의 결정에 좌우될 수 있는 상황이다.

양자 컴퓨팅(Quantum Computing)도 비슷한 상황이다. IBM, 구글, 마이크로소프트 같은 거대 기업들이 수천억 원대의 투자를 통해 양자 컴퓨터 개발에 속도를 내고 있다. 이 기술은 현재 컴퓨터로는 불가능한 수준의 연산을 가능하게 만들어 암호 체계나 신약 개발, 기후 변화 예측 등 다양한 분야에 혁명적 변화를 일으킬 수 있다. 하지만 이런 강력한 기술이 기업의 이해관계에 따라 운용된다면 부작용 또한 예측하기 어렵다.

바이오테크놀로지(Biotechnology)는 더욱 폭넓게 기업들이 뛰어들고 있는 분야다. 유전자가위로 알려진 크리스퍼(CRISPR) 기술을 이용한 유전자 치료제 개발, 합성생물학을 통한 새로운 생명체 창조, 인공 장기 개발 등 생명의 본질을 바꿀 수 있는 연구들이 제약회사는 물론 IT 기업들까지 가세한 가운데 진행되고 있다. 이런 기술들은 인류의 수명과 삶의 질을 획기적으로 개선할 수 있지만, 동시에 생명 윤리나 사회정의 측면에서 심각한 도전을 제기할 수 있다. 그런데도 기업들은 특허와 이윤을 좇아 개발을 서두른다.

이처럼 거대과학이 민간 기업의 손에 들어가면서 그 기술의 활용이 공공의 이익이 아닌 기업의 이윤이나 경영진의 판단에 따라 결정되는 위험한 상황이 벌어지고 있다. 더구나 이런 기업들은 막대한 자본력을 바탕으로 점점 더 많은 분야의 기술을 독점하려 든다. 우주 인터넷, 자율주행, 뇌-컴퓨터 인터페이스까지 인류의 미래를 좌우할 거대과학들이 소수 기업의 손아귀에 들어가는 상황을 그냥 넋 놓고 볼 수는 없다.

그래도 거대과학이 필요한 이유

거대과학이 정부나 기업의 욕망을 관철하려는 목적에 휘둘리는 것처럼 보이지만 꼭 그렇지만은 않다. 거대과학은 현대 과학의 한 축을 이루는 독특한 형태다. 단순히 규모가 크다는 의미를 넘어 과학 연구의 방식을 바꾸고 사회적 영향력을 근본적으로 변화시킨다.

예를 들어 사다리 발판을 만들 때 가로와 세로를 50cm와 30cm로 짠다고 가정하자. 만들다 보면 오차가 나기 마련이다. 보통의 사다리는 오차 범위를 ±0.1cm로 잡으면 별문제가 없다. 약간 모자라면 용접으로 메우고 약간 남으면 그라인더로 갈면 된다. 보통의 프레스로 조금만 신경 쓰면 만들 수 있다. 그러나 특별한 사다리라서 오차 범위를 ±0.1mm로 잡으면 만들기가 아주 까다로워진다. 검수도 쉽지 않다. 비용과 시간이 아주 많이 늘어난다. 오차 범위가 ±0.001mm가 되면 비용과 시간이 100배 혹은 1,000배 올라가기도 한다.

20세기 들어 과학과 기술 영역에서 이런 일들이 자주 일어났다. 과학 기사에 자주 등장하는 나노과학이나 메타물질 등이 이런 영역이고, 몇 나노미터(nm) 선폭의 반도체를 만드는 일 또한 그렇다. 생물학에서 DNA 분자나 단백질 구조 등을 연구하는 일도 마찬가지다. 대표적인 거대과학 몇 가지를 살펴보자.

양성자를 거의 빛의 속도에 가깝게 가속해 충돌시키는 장치가 스위스에 있다. 대형강입자가속기로 유럽입자물리연구소에서 운영하는 세계 최대의 입자 가속기다. 건설비만 약 6조5,250억 원이고 연간 유지비가 1조4,500억 원 정도다. 과학자와 기술자, 행정직 등

2,500~3,000명이 근무하고 방문 연구원은 연간 1만 명을 넘는다. 이런 막대한 비용과 인력이 드는 대형강입자가속기를 과학자 대부분은 투자 가치가 충분하다고 평가한다. 기본 입자의 성질을 연구하고 우주의 기본 법칙을 파악하는 연구에 필수적이기 때문이다. 우리에게는 노벨 물리학상을 받은 '힉스 보손(Higgs boson)'이란 입자를 발견한 것으로 유명하지만 기본입자물리학, 초대칭입자 탐색, 강한 상호작용, 전자기력과 약한 상호작용, 미시적 블랙홀, 핵물리학 등 다양한 분야에서 이곳의 데이터를 이용한다. 그래서 대형강입자가속기를 현대 입자물리학의 최전선이자 미래라 부른다.

또 하나의 거대과학으로 인간게놈프로젝트를 들 수 있다. 인간의 전체 유전체를 해독해 지도를 만드는 대규모 국제 연구 프로젝트로, 인간 DNA의 염기 서열을 분석하고 유전자의 위치와 기능을 파악하는 것이 목표다. 지금이야 그만큼 큰돈과 시간, 인력을 들일 일이 아니지만, 30여 년 전인 1990년 시작되었을 때는 가능성을 의심할 정도로 도전적인 과제였다.

미국국립보건원과 미국에너지부가 주도한 이 프로젝트에 영국, 일본, 프랑스, 독일, 중국 등 20여 개국의 연구 기관과 과학자가 참여했다. 연구자들은 서로 염색체를 나눠서(인간 염색체는 모두 23쌍이다) 분석하고 거기서 발견한 정보를 24시간 안에 공공 데이터베이스에 공개했다. 약 30억 달러, 곧 4조 원의 예산을 투입해 2003년까지 14년간 진행한 끝에 약 30억 개의 염기쌍을 분석했다. 2만~2만

5,000개의 유전자를 발견하고 99.99% 정확도로 게놈 지도를 완성했다. 유전학과 유전공학, 진화학, 생리학, 분자생물학 등 생물학 전반에 걸쳐 아주 유용한 도서관이 생긴 셈이다.

최첨단 우주 관측 장비로 우주의 시작과 끝을 들여다보는 거대과학도 있다. 제임스웹우주망원경은 미국항공우주국이 주도하고 유럽우주국과 캐나다우주국이 협력해 만든 세계 최대의 우주 망원경이다. 개발과 제작에 약 100억 달러(13조 원)가 들었고, 1,000여 개 기업과 연구소, 1만 명 넘는 과학자와 기술자가 참여했다. 태양으로부터 150만km 떨어진 곳에서 운영되는 망원경은 지름 6.5m의 주 거울로 빛을 모으고 이를 4개의 관측기로 분석한다. 허블우주망원경보다 100배 더 희미한 천체를 관측할 수 있어, 137억 년 전 우주 초기의 은하를 볼 수 있다. 또한 적외선 관측에 특화되어 있어, 우주 먼지에 가려진 별의 탄생 현장이나 다른 별 주위를 도는 행성의 대기 성분을 분석할 수 있다. 우주의 시작과 진화를 이해하고 외계 생명체의 흔적을 찾는 데 꼭 필요한 도구로 평가받는다.

제임스웹우주망원경이 수집한 모든 데이터는 일정 기간이 지나면 전 세계 천체물리학자들에게 개방된다. 그리고 망원경의 관측 시간은 엄격한 심사를 거쳐 전 세계 과학자들에게 배정된다. 한국 천문학자들은 매년 수십 건의 관측 제안서를 제출하고 망원경을 이용한 연구를 진행한다. 이렇게 수집한 데이터를 천체물리학과 우주론은 물론 행성과학, 항성물리학, 은하 진화 등 다양한 분야에서 활용하고 있다. 2022년 운영을 시작한 이래 수많은 새로운 발견이 이루어졌고, 수백 편의 논문이 발표되있나.

현재 진행되는 거대과학 중에서 기후변화에관한정부간협의체(Intergovernmental Panel on Climate Change, IPCC) 또한 주목할 필요가 있다. IPCC는 기후 위기와 관련한 뉴스에 자주 등장한다. IPCC는 1988년 유엔환경계획과 세계기상기구가 공동으로 설립했다. 3개의 실무그룹이 있는데 제1실무그룹은 기후 시스템과 기후변화의 자연과학적 근거를 연구하고, 제2실무그룹은 기후변화가 생태계와 사회경제에 끼치는 영향을 평가하며, 제3실무그룹은 온실가스 감축과 기후변화의 완화에 대한 정책적·기술적 대응 방안을 연구한다. 그리고 이들 실무그룹이 작성한 보고서는 총회를 통해 채택된다. 전 세계 수천 명의 과학자가 참여해 기후변화라는 복잡한 지구 시스템에 대해 종합적으로 연구하는데, 기상학, 해양학, 지질학, 생태학, 사회과학, 경제학, 정책학 등 다양한 학문 분야의 전문가가 참여한다. 한국도 기상청을 중심으로 기상학, 해양학, 생태학 등 다양한 분야의 전문가가 함께한다.

IPCC 보고서는 기후변화에 대한 국제적 대응의 과학적 기반을 제공한다. 너무 보수적으로 예상한다는 주장이 있지만, 현재 기후변화 혹은 기후 위기에 대해 과학적 권위를 가장 광범위하게 인정받고 있다. IPCC의 보고서를 바탕으로 유엔기후변화협약당사국총회에서 기후 위기에 대한 대응책을 정한다. 당사국이라고 하지만

197개 국가가 회원국으로, 세계 모든 나라를 망라한다고 할 수 있다. 모든 국가가 온실가스 감축 목표를 의무적으로 제출한다는 결의나 2050년까지 온실가스 배출량을 제로(0)로 만들어 산업화 이전 대비 기온 상승을 1.5℃로 제한하자는 국가 간 협약을 체결했다.

이처럼 거대과학은 단순히 규모가 크다는 점을 넘어 여러 가지 중요한 의미를 지닌다. 우선, 거대과학은 인류 공통의 지적 과제를 해결하고자 한다. 대형강입자가속기가 우주의 근본 법칙을 탐구하고, 인간게놈프로젝트가 생명의 설계도를 해독하며, 제임스웹우주망원경이 우주에 대한 인간의 이해를 더 깊게 하고, IPCC가 기후 위기라는 전 지구적 도전 과제를 연구하는 것처럼 말이다. 다음으로, 이 과정에서 국가 간 경쟁이 아닌 협력을 통해 성과를 도출하고 그 결과를 공유하며, 다양한 분야 전문가들의 협업 문화를 만든다는 점도 중요하다.

이러한 거대과학의 긍정적 의미를 계속해서 확보하기 위해서는 몇 가지 중요한 과제가 있다. 먼저, 연구 과정과 결과를 투명하게 공개하고, 국제사회의 감시와 평가를 받으며, 성과를 공정하게 분배하는 투명한 운영 체계가 필요하다. 다음으로, 장기적이고 안정적인 예산 지원과 참여국들의 책임 있는 분담이 보장되어야 한다. 이를 위해서는 성과의 사회적 가치를 꾸준히 입증해야 한다. 마지막으로, 연구 윤리 준수, 환경 영향 고려, 인류의 보편적 가치 추구 등 윤리적 기준도 중요하다.

이러한 노력이 체계적으로 이루어질 때 거대과학은 단순히 '규모
가 큰 과학'이 아니라, 인류의 지적 진보를 이끄는 동력이 될 수 있
다. 그리고 이렇게 긍정적 의미가 있는 거대과학은 대부분 국가 간
경쟁이나 기술 패권 다툼이 아니라 상호 협력과 지식 공유를 통해
그 가치가 발현된다. 기후 위기와 에너지 문제같이 한 국가나 소수
과학자의 노력으로 해결하기 어려운 과제들이 늘어나는 현대에는
이러한 거대과학의 협력적 모델이 더욱 중요하다.

전문가 시스템과 시민 감시

잠깐 딴 이야기를 하자면, 한국 군인 최고 직위는 합동참모본부 합
동참모의장이다. 곧 합동참모회의의 의장이다. 보통 '합참의장'이라
부른다. 군에는 군령권과 군정권이 있다. 군령권은 병력을 움직여
전쟁을 벌이는 권한이고 군정권은 군사 조직을 관리하는 권한으로,
이 둘을 합쳐 '국군통수권'이라 부른다. 국군통수권은 국민이 선출
한 국가원수, 곧 대통령에게 있다. 민주국가의 군대 최고사령관은
항상 국가원수이며, 선출직이 아닌 군인은 대통령을 보좌하는 참모
의 역할만 할 수 있다. 그래서 이름도 합동'참모'본부의 의장이 되는
것이다. 흔히 이를 군의 '문민통제(civil control)'라 말한다. 쿠데타를
경험한 한국의 특수한 사정이 아니라 전 세계 거의 모든 국가의 군
에 관련한 기본 전제다. 그래서 군대는 어떤 작전도 국방장관이나
대통령의 승인 혹은 위임을 받지 않고서는 실시할 수 없다.

군대라는 특수한 조직에만 적용된다고 생각할 수 있지만 실제로는 여러 분야에서 비슷한 성격의 시스템이 있다. 법조계에서는 법과 관련한 전문적 지식을 바탕으로 검사, 판사, 변호사가 군대에서의 직업군인과 같은 역할을 한다. 이들은 다른 편에 서서 서로를 견제한다. 검사는 대통령, 판사는 대법원장, 대법원장은 국회의 동의를 얻어 대통령이 임명한다. 검사나 판사를 시민이 선거를 통해 뽑는 나라들도 많다. 변호사는 누가 임명하지 않지만, 대한변호사법에 따라 대한변호사협회(변협)에 등록해야 하고 변협은 변호사법에 정한 사유에 따라 등록을 거부할 수 있다. 변협은 회원에 대한 징계 권한을 가진다.

경찰관과 소방관도 마찬가지다. 학습과 훈련을 통해 전문적인 지식과 역량을 갖춘 이들이 실제 일을 수행하지만, 중요한 결정은 항상 시민이 선출한 사람들이 권한을 가진다. 시민의 생활에 큰 영향을 끼치는 군, 사법, 치안, 구조 및 소방 관련 일들에 대해 시민이 통제권을 간접적으로나마 가지는 것은 너무나 당연하다. 행정부도 그렇다. 주민센터와 구청, 광역자치단체와 중앙정부 모두 전문적인 영역에서 전문가들이 실제 업무를 추진하지만, 주요 정책을 결정하고 집행하는 사람은 언제나 시민으로부터 권한을 위임받은 선출직이다.

그러나 선출직을 뽑는 것만으로 시민이 권한을 충분히 행사한다고 볼 수는 없다. 전문가 집단은 흔히 자기 영역에 대한 텃세가 심하고, 폐쇄적 생태계에서 전문가 사이의 짬짜미가 있으며, 내부적으로 인맥과 권한을 가진 이들이 자기 이익을 위해 행동하기 때문이다. 시민사회의 필요에 대해 적극적으로 고민하지 않고 자기 관성대로 움직이는 경향도 있다. 물론 선의를 가진 전문가가 존재하지만, 시민으로서는 전문가의 선의에만 맡길 수 없다. 그래서 전문가들끼리 서로 견제할 수 있는 시스템과 이를 감시하는 시민단체의 역할이 중요하다. 거대과학에도 이런 전문가 시스템과 시민 감시가 필요하다.

사실 과학자 사회에는 강력한 자정 기능을 지닌 전문가 시스템이 있다. 과학자에게 가장 중요한 것은 논문이다. 자신이 발견한 혹은 발명한 사안에 대해 항상 학술지에 논문을 발표해 알린다. 과학자의 업적은 항상 논문으로 드러난다. 그래서 교수를 임용하거나 연구소에서 연구원을 채용할 때, 새로운 연구를 위한 자금을 신청할 때 항상 그 과학자가 제출한 논문을 통해 평가한다.

연구자의 논문은 저절로 학술지에 실리지 않는다. '동료 평가'라고 해서 학술지 편집장이 다른 동료 과학자들에게 사전 심사를 부탁한다. 이때 논문 작성자와 최근에 협업한 경험이 없고, 같은 기관에 소속되어 있지 않으며, 논문 제출 사실을 사전에 알지 못하는 사람으로 평가자를 구성한다. 이 사전 심사를 통과해야지만 논문을 학술지에 실을 수 있는데, 이 과정이 생각보다 만만찮다. 실제로 한 번에 통과될 때보다 수정을 몇 번씩 할 때가 더 많고, 게재가 거부되기도 한다. 이렇게 과학적으로 엄밀한 심사를 거쳐 논문이 발표되므로 과학에 대한 신뢰가 생긴다.

과학에는 재현 가능성이 중요한 조건 중 하나다. 쉽게 말해 논문에 있는 대로 실험하면 누가 하더라도 같은 결과가 나와야 한다. 물론 알 수 없는 이유로 결과가 나오기도 하고 나오지 않기도 한다. 그러면 그것대로 새로운 연구의 계기가 된다. 하지만 모두 논문과 다른 실험 결과가 나온다면 그 논문은 거짓이다. 21세기 들어 꽤 많은 논문이 이 과정에서 거짓으로 밝혀져 논문 게재가 취소되었다. 황우석의 인간 배아 실험이 그랬고, 미국의 초전도체 주장이 그랬다. 세상 모든 일이 그렇듯 이 과정이 항상 잘 작동하는 것은 아니다.

다행히 지난 20세기부터 현재까지는 이 두 가지 자체 점검 시스템(동료 평가와 재현 가능성)이 작용하면서 과학계는 스스로 자정할 수 있음을 보여 주고 있다. 하지만 여기까지다. 학문적 성과에 대해서는 과학자들의 전문가 시스템이 그나마 작동하지만, 그 밖의 영역에서는 한계가 분명하기 때문이다. 물론 과학자들이 노력하지 않는 것은 아니다.

1969년 미국 MIT 과학자들을 중심으로 우려하는과학자연합(Union of Concerned Scientists)이 설립되었다. 이 단체는 핵무기나 핵발전소에 대한 안정성 감시, 기후변화 연구와 대응책 제시, 과학 정책에 대한 전문가 자문, 정부와 기업의 과학 왜곡 감시 등의 활동을 전개한다. 그리고 1965년 설립된 일본의 과학기술자협회는 베트남전 관련 군사 연구 거부 운동을 주도하고 연구자의 고용 안정과 학문의 자유 보장을 요구했다. 한국에서는 변화를꿈꾸는과학기술인네트워크가 2016년에 만들어졌다.

국제적으로는 퍼그워시회의(Pugwash Conferences)[22]가 1957년부터 정기적인 국제회의를 개최하며 핵무기 통제와 과학자의 사회적 책임을 논의하고 있다. 이 단체는 1995년 노벨평화상을 받았다. 그리고 전지구적책임을위한과학기술자네트워크는 평화, 군축, 지속 가능한 발전을 위한 활동을 전개한다. 그 밖에도 사회적책임을위한컴퓨터전문가모임은 군사용 컴퓨터 시스템 개발을 반대하고 개인 정보 보호와 디지털 권리를 옹호한다. 1985년에 노벨평화상을 받은 핵전쟁예방을위한국제의사회는 핵무기의 의학적 영향을 연구하고 경고한다. 21세기 들어서는 인공지능 윤리와 관련한 전문가 조직들과 기후 위기 관련 과학자 단체들을 만들어 활동하고 있다.

하지만 이런 과학자 단체의 활동에도 불구하고 거대과학에 끼치는 영향은 그리 크지 않다. 앞서 살펴본 것처럼, 거대 기업과 정부의 영향력 아래서 과학자 단체만으로는 한계가 있을 수밖에 없기 때문이다. 인공지능, 유전자조작, 핵융합 등 인류 전체에 큰 영향을 끼칠 수 있는 기술들이 급속도로 발전하면서 시민사회의 참여와 감시가 더욱 중요해지고 있다.

---

22 퍼그워시회의의 정식 명칭은 '과학과 국제 정세에 관한 퍼그워시 회의(Pugwash Conferences on Science and World Affairs)'이다.

5
의학과 보편적 건강권
사람이 특허보다 중요하다

세계에서 가장 비싼 약

적혈구 표면에는 '나는 적혈구니까 공격하지 마!'라는 표지의 단백
질이 있다. 그래서 혈관에서 적을 공격하는 보체계[23]는 적혈구를
그냥 지나친다. 그런데 후천적으로 적혈구를 만드는 골수에 돌연변
이가 생겨 표지 단백질이 없어질 때가 있다. 그러면 혈관 안의 적혈
구가 파괴되어 빈혈이 생기고 복부나 가슴에 통증과 부종이 나타나
면서 15년 이내에 사망할 확률이 절반에 이른다. 이를 발작성야간
혈색소뇨증이라 한다. 전 세계적으로 약 8,000명 정도가 이 질환을
가지고 있다. 비정형용혈성요독증후군이라는 병도 있다. 이 또한
대단히 희귀해서 발작성야간혈색소뇨증보다 약간 적은 정도의 환

---

23 보체계는 우리 몸의 면역 체계에서 작동하는 단백질들의 연쇄 반응으로, 병원체를 제
거하고 염증 반응을 일으켜 우리 몸을 보호하는 역할을 한다.

자가 있다.

이 질환들을 치료하지는 못하지만, 증세를 완화해 일상을 살 수 있게 하는 약이 2007년에 나왔다. '솔리리스'다. 환자에게는 복음과 같았다. 다만 근본 원인을 치료하는 것이 아니라 증세를 없애 주는 것뿐이어서 평생 투약해야 한다. 그런데 가격이 엄청나게 비싸다. 1년 동안 주사를 맞으려면 5억 5,000만 원 정도가 든다. 평생에 5억 원이 아니고 1년에 5억 원이다. 당시 세계에서 가장 비싼 약이었다. 한국에서는 국민건강보험 적용 대상이어서 본인 부담금은 5% 정도로 1년에 2,000만~3,000만 원이었다. 하지만 지금은 희귀난치성 질환에 대한 본인 부담 상한선이 적용되어 연간 200만~400만 원만 부담하면 된다. 월 몇천만 원이던 비용이 몇십만 원으로 줄어든 것이다. 건강보험제도가 제대로 갖춰져 있어서 이런 혜택을 받을 수 있는 나라는 유럽과 일본, 한국을 포함해 얼마 되지 않는다. 대부분의 나라에서는 연간 5억 5,000만 원 정도의 약값을 부담할 수 있는 사람들만 사용할 수 있다.

약값이 이렇게 비싼 이유를 제약 회사는 '희귀질환'이기 때문이라고 밝혔다. 약을 개발해도 팔 곳이 너무 적다는 것이다. 전 세계적으로 환자가 1만 명 정도에 불과하고 매년 새로 발생하는 수가 적어, 약을 개발하고 임상 시험을 통해 각국 정부에 허가를 받는 과정에서 드는 비용을 생각하면 비쌀 수밖에 없다는 논리다.

솔리리스는 특허 기간에 시신경척수염에 효과가 있다는 점이 밝혀지면서 제약 회사 매출이 커졌다. 그러나 회사는 독점 판매 기간에 가격을 내리지 않았다.

이러한 희귀질환에 대한 의약품 개발을 위한 희귀의약품법이 있다. 희귀의약품을 개발하는 제약 회사에 특허 독점 기간을 연장해 주고, 연구개발에 보조금을 지원하며, 임상 시험 비용에 대한 세금과 허가 절차를 줄여 주는 것이 주요 내용이다. 원래 의약품 특허 기간은 20년이지만, 임상 시험 등의 과정을 거치면서 실제 독점 판매 기간은 10년 정도로 줄어든다. 게다가 다른 제약 회사가 특허를 우회해 생산할 수 있어, 특허만 가지고는 독점적으로 시장을 장악하기 어렵다. 그래서 희귀의약품법은 따로 독점권을 7년 준다. 이 기간에 약값은 상당히 높게 책정된다.

이런 독점권과 특허가 만료되면 다른 제약 회사에서 복제약(generic drug)을 만들 수 있다. 복제약이 등장하면 약값은 상당히 떨어진다. 솔리리스도 특허 기간이 끝나자 복제약이 등장했고, 약값이 전체적으로 40% 정도 내려갔다. 건강보험제도가 한국 같지 않은 나라에서는 1년에 3억 8,800만 원으로, 원래의 5억 5,000만 원보다 싸졌지만 여전히 일부 부유층을 제외하고는 한 달도 처방받기 힘들다.

희귀질환을 대상으로 하는 솔리리스는 실제로 얼마나 팔릴까? 연 5조 원이다. 특허가 만료되기 전 한국에서만 440억 원어치가 팔렸다. 물론 시신경척수염에 사용되면서 판매가 늘어난 점을 고려해야 한다. 그렇다 하더라도 희귀질환이라 팔리지 않아 약값을 높였다는데, 이 정도 매출이라면 그 정당성이 많이 훼손되는 것 아닐까? 또 제약 회사의 이윤을 보장하기 위해 이렇게 높은 가격을 허용한다면, 원래 이 약이 필요한 대다수 사람은 치료를 포기할 수밖에 없다. 그렇다면 애초에 희귀질환 치료제에 대해 예외적 특혜를 주는 이유가 거의 사라져 버린다.

미국이나 선진국이 이런 식으로 정책을 펴는 이유는 간단하다. 약값이 높아도 자기네 국민은 건강보험이나 희귀질환 관련 정책으로 국가가 처리할 수 있기 때문이다. 그러면서 제약 회사에 수익을 보장해 제약 산업을 육성하고 글로벌 의약품 시장 주도권을 유지하겠다는 의도다. 지극히 자본주의적이고 선진국 중심적인 정책의 상징이라 할 수 있다. 이런 정책은 가난한 나라의 환자들을 고통과 사망으로 내몬다.

더구나 다국적 제약 회사의 이런 약에는 그 회사의 연구만 오롯이 들어 있지 않다. 가령 1회 투여에 21억 원에 달하는 아주 비싼 약값으로 소문난 척수성근위축증 치료제 졸겐스마의 원천 기술은 아벡시스라는 스타트업이 개발했다. 그런데 다국적 제약 회사 노바티스가 87억 달러, 곧 12조 원에 달하는 돈으로 아벡시스를 인수했다. 남의 연구를 돈으로 산 셈이다. 아벡시스 또한 자기네 혼자 개발한 것이 아니었다. 대부분의 초기 연구를 공공 연구 기관과 환자 단체의 후원으로 진행했다. 척수성근위축증 치료에 쓰이는 스핀라자는 콜드스프링하버연구소와 아이오와대학교가 개발했고, 제약 회사

아이오니스가 기술 면허를 확보했으며, 바이오젠이 상업화 권리를 확보했다. 바이오젠이 책정한 약값은 첫해 7억 원이었고, 그다음 해부터는 매년 3억 5,000만 원이었다. 양쪽 눈 치료에 8억 5,000만 원이 드는 룩스투나라는 유전성 실명 치료제 또한 펜실베이니아대학교에서 개발했고, 유전자 치료법 개발 회사 스파크테라퓨틱스가 상업화 권리를 확보했다. 그 뒤 다국적 제약 회사 로슈가 스파크테라퓨틱스를 46억 달러, 곧 6조 원이 넘는 돈으로 인수했다. 이처럼 돈 주고 기술 면허를 받고 특허권과 상업화 권리를 인수한 것 외에 다국적 제약 회사들이 한 일은 없다. 그런데도 이들이 독점권을 가지고 자기 마음대로 약값을 정하는 것이 타당할까?

그렇다면 이들 제약 회사는 약값을 어떻게 정할까? 많은 사람이 희귀질환에 걸린 환자 수가 적어서 연구개발 및 제조 비용을 회수하기 위해 엄청난 가격을 붙인다고 생각한다. 하지만 이런 극단적인 가격은 대부분 연구개발 및 제조 비용과 거의 관련이 없다. 앞서 살펴본 것처럼 대부분의 연구개발은 공공 자금을 지원받은 대학 연구원들이 담당한다. 이들이 질병의 분자적 기초를 이해하고 항체를 만드는 기술을 개발한다. 제약 회사는 그 조각들을 모으거나 특허를 사들일 뿐이다. 제약 회사가 실제로 약을 만드는 비용은 약값의 1%도 되지 않는다.

제약 회사는 "질병의 회귀성과 심각성, 효과적인 대체 치료법의 부재, 간접적인 의료 및 사회적 비용, 그리고 약물이 절실히 필요한 환자에게 미치는 영향을 보여 주는 임상 데이터"를 고려한 "고유한 의사 결정 프레임워크"에 따라 약물 가격을 결정한다고 말한다.[24] 이 말을 쉽게 풀면 '환자에게 다른 대안이 없고, 이 약이 효과가 있고, 이 약이 아니면 죽거나 죽도록 고통받고, 정부가 약값 대부분을 낸다면 가능한 가장 높은 가격을 매기겠다'라는 뜻이다. 이 약으로 죽음에서 탈출할 수 있는 많은 사람이 약값 때문에 죽음의 길로 향하는 것은 전혀 고려하지 않는다.

제약 회사로서는 많이 팔 수 있고 높은 이익을 안겨 주는 약을 만들기 위해 역량을 집중해야 하는데, 이런 혜택을 주지 않으면 달리 방법이 없지 않냐고 말하는 사람들이 있다. 하지만 그렇지 않다. 아직 부족한 면은 있지만 다른 방법이 가능함을 보여 주는 사례 몇 가지를 살펴보자.

가난한 이의 병, 결핵

결핵을 흔히 '가난한 이의 병'이라 한다. 이유는 크게 두 가지다. 우선, 결핵은 결핵 환자의 침이나 가래 등으로 주로 전파되지만 공기를 통해서도 전파된다. 그래서 도시의 빈곤층이 거주하는 좁고 비위생적인 주거지에서 많이 퍼진다. 결핵은 최초 감염 뒤 실제 우리가 느끼는 증상으로 진행되는 경우는 10~20% 정도다. 이를 '활동

---

24 "How pharmaceutical company Alexion set the price of the world's most expensive drug", 〈CBC〉, 2015,6,25.

성 결핵'이라 부른다. 나머지는 '잠복 결핵'이라 해서 결핵균이 몸 안에 있어도 면역 체계가 균을 억제해 발병하지 않은 상태로 남는다. 그러면 별 증상이 나타나지 않고 다른 사람에게 전파되지 않는다. 문제는 증상이 나타나는 10~20%의 발병자 대부분은 면역 및 영양 상태가 나쁘다는 것이다. 에이즈에 걸린 이들의 사망 원인 중 결핵이 꽤 높다. 당뇨병 환자도 결핵 발병률이 높다. 하지만 뭐니 뭐니 해도 결핵 감염률은 빈곤층에서 가장 높게 나타난다. 빈곤층은 영양 상태가 좋지 않고 면역력이 약하기 때문이다.

결핵은 아주 오래된 병 중 하나다. 이집트의 미라에서 결핵균이 나올 정도다. 유럽과 미국 역시 20세기 초까지 결핵이 주요 사망 원인의 하나였다. 지금도 전 세계 인구의 1/4이 잠복 결핵에 걸린 것으로 추정한다. 즉 걸릴 위험은 언제나 있지만 실제로 걸리는 것은 건강 상태가 크게 좌우한다는 뜻이다. 노약자가 독감에 걸렸다가 폐렴으로 이어지는 현상과 비슷하다. 그래서 주로 개발도상국이나 저개발국에서 많이 발생한다. 통계에 따르면 2022년 전 세계적으로 약 1,060만 명이 활동성 결핵에 걸렸고, 약 130만 명이 사망했다. 그중 동남아시아가 44%, 아프리카가 24%, 서태평양이 18%로 전체의 86%에 이르렀다. 결핵 검사 결과에서 아시아 및 아프리카에서는 80%가 양성반응을 보였지만, 미국에서는 5~10%만 양성반응을 보였다.

여기서 의문이 생긴다. 1921년 BCG(Bacillus Calmette-Guérin)

라는 결핵 예방주사가 등장하면서 유럽과 미국에서 결핵 감염률과 사망률이 조금씩 감소하기 시작했다. 그렇다면 동남아시아, 아프리카, 서태평양 지역 사람들은 BCG를 맞지 않고 있는 것일까? 그렇지 않다. BCG는 현재 세계에서 가장 많이 접종되는 백신이고 세계보건기구의 필수 예방접종 프로그램에 포함되어 있다. 유니세프나 세계백신면역연합 등의 지원으로 많은 저개발국에서 신생아에게 BCG를 접종한다. 문제는 예방 효과가 시간이 지날수록 떨어진다는 점이다. 성인이 될 때쯤이면 아주 낮아진다. 그리고 이미 감염된 사람에게는 효과가 없다. 결핵 고위험 지역의 아이들은 이미 결핵균에 감염되어 있을 가능성이 높다.

그래도 결핵은 치료할 수 있는 병이다. 1946년 최초의 결핵 치료제로 불리는 항생제 스트렙토마이신이 나왔다. 그러자 유럽에서 결핵에 따른 사망률이 90% 정도 줄어들었다. 그 뒤 다시 하이드라지드, 피라지나마이드, 에탐부톨, 리팜핀 등 결핵 치료제들이 1960년대 중반까지 연이어 나왔다. 요즘에는 부작용이 심한 스트렙토마이신을 처음부터 쓰지는 않는다. 보통 네 가지 항생제를 섞어 쓰는 칵테일 치료를 하는데, 치료 기간은 9개월 정도다. 대부분 약을 꾸준히 먹고 정기적으로 병원에 가서 진단받으면 결핵을 치료할 수 있다. 대부분의 나라에서 정부가 약값을 보조하므로 경제적 부담이 크지 않다.

하지만 여기에 세 가지 문제가 있다. 우선, 약을 먹는 동안 일상생활이 힘들 정도로 부작용이 생긴다. 간 수치가 상승하고 신장에 손상이 온다. 또 구역질과 구토, 피부 발진, 관절통, 극심한 만성피로, 식욕부진, 복통과 설사 가운데 한 가지 이상을 환자 대부분이 경험한다. 이런 부작용을 겪으며 9개월 이상 약을 먹어야 해, 어떻게든 일해서 먹고살아야 하는 사람들은 약을 중단하곤 한다.

다음으로, 소아 결핵 환자 문제다. 기존 결핵 약은 성인을 기준으로 만들어졌다. 어린이에게는 나눠서 투약해야 하는데 그렇게 하기에 힘든 형태였다.

마지막으로, 내성 결핵이 늘고 있다는 사실이다. 약을 먹다가 중단하면 결핵균이 약에 대한 내성을 가진다. 기존 약을 다시 먹어도 소용없다. 더 비싸고 더 독한 약을 먹어야 한다. 이 과정이 반복되면서 새 결핵 약에 대해 내성을 가진 결핵균이 생기고, 여러 약에 내성을 가진 다제내성 결핵으로 발전한다. 그러면 2년간 가장 독한 항생제를 복용하는데, 이 과정에서 부작용을 견디지 못하거나 더 이상 쓸 항생제가 없어서 환자가 사망한다. 전체 결핵 사망자 중 29%가 내성 결핵 환자다.

내성 결핵에 대한, 그리고 부작용이 적고 치료 기간이 짧으며, 어린이가 복용하기 쉬운 새로운 치료제가 필요하다는 목소리가 높다.

그런데 여기서 의문이 하나 든다. 1960년대 중반까지 활발하게 개발되던 결핵 치료제는 그 뒤로 전혀 개발되지 않고 있다. 왜? 이유는 간단하다. 제약 회사에 돈이 되지 않기 때문이다. 1960~1970

년대를 거치면서 선진국에서 결핵은 더 이상 중요한 질환이 아니다. 그리고 앞서 이야기한 네 가지 약물로 대부분 치료가 가능하다. 반면 전 세계 결핵 환자의 95%가 발생하는 저개발국은 가난해서 비싼 약이 팔릴 리가 없다. 또 대부분 정부가 약을 사서 나눠 주므로 약값을 마음대로 올리기도 힘들다. 결핵 백신도 마찬가지다. 20세기 초에 개발된 BCG가 현재 가장 광범위하게 쓰이는 이유는 제약 회사들이 새 백신 개발에 신경 쓰지 않기 때문이다.

이렇게 제약 회사가 나 몰라라 하는 사이에 문제가 심각해지자 새로운 결핵 치료제를 만들기 위해 결핵동맹(TB Alliance)이 결성되었다. 2000년 남아프리카공화국 케이프타운에서 케이프타운선언을 통해 결성된 결핵동맹은 비영리 제품 개발 파트너십이다. 간단하게 말해 돈이 안 되는 약품을 만들기 위해 공공과 민간, 학계와 자선단체가 파트너십을 구축해 신제품을 개발하는 것이다. 제약 회사는 어차피 자기들이 개발할 것이 아니니 기존 화합물 목록 및 연구개발 방법을 제공했고, 대학 등의 연구 기관은 임상 시험을 진행했다. 그리고 각국 보건 당국과 세계보건기구 등이 전체를 아우르면서 공급망을 구축했고, 여기에 드는 비용을 각국 예산과 빌앤멜린다게이츠재단(Bill & Melinda Gates Foundation) 등의 자선단체가 지원했다.

1995~2000년에 파토제네시스란 회사가 이미 결핵 치료제 후보 물질을 발견하고 기초연구를 수행한 상태였다. 하지만 앞서 이야기

한 것처럼 결핵 치료제는 우선순위에서 뒤로 밀린다. 그러자 결핵동맹이 특허권과 개발권을 인수하고 개발에 착수했다. 결핵동맹은 임상 시험을 거치고 2019년 미국식품의약국의 승인을 얻어 프레토마니드란 이름으로 출시했다.

프레토마니드는 아주 만족스럽지는 않지만 기존 치료제보다 여러 면에서 나았다. 이 약으로 내성 결핵 치료 성공률이 높아졌고, 치료 기간이 6개월로 줄어들었다. 치료비는 기존 치료제 대비 절반인 1,000달러 수준으로 줄어들었다. 어린이가 먹기 편하게 물에 녹는 형태로 개발되었고, 부작용이 줄어들었다. 부작용이 감소하자 치료받는 동안에 일상생활을 유지할 수 있어 복용이 수월해졌다. 또 결핵동맹은 약값을 차등 적용했다. 저소득국가에는 원가 수준으로 공급했고, 그 밖의 나라에는 소득에 따라 차등을 뒀다. 소아용 약은 3개월에 15~20달러로 낮게 책정했다.

하지만 새로운 치료제는 2024년 현재까지 전 세계 결핵 감염률과 사망률에 의미 있는 변화를 끌어내지 못하고 있다. 신약이 출시된 지 몇 년 지나지 않았고, 그 시기가 코로나19 대유행과 겹쳤기 때문이다. 코로나19 대유행기에 결핵 환자들은 의료 기관 방문을 꺼렸고, 의료 인력은 절대적으로 부족했다. 진단이 늦어졌고, 검사 프로그램이 중단되곤 했다. 여기에 더해 코로나19 대유행으로 경제가 위축되고 빈곤층이 늘어나면서 오히려 결핵 환자가 늘어났다. 이처럼 결핵 유행에는 치료제 문제만이 아니라 비위생적인 환경,

부실한 영양 상태, 부족한 의료 인프라 등의 문제가 실타래처럼 꼬여 있다.

그래도 40년 정도 제약 회사가 손 놓고 있던 결핵이라는 '가난병'에 새로운 돌파구가 생긴 것은 분명했다. 결핵동맹의 실천은 제약 회사와 시장 논리에 신약 개발을 맡기면 안 되는 이유를 여실히 보여 줬다.

물론 결핵동맹에도 여러 한계가 있다. 우선, 이조차도 미국과 유럽 등이 주도하면서 선진국 중심의 의사 결정 구조가 만들어졌다. 저소득국가의 의견을 제대로 반영하지 못하고 있다. 다음으로, 자선 단체 의존도를 낮춰서 독자적인 재정 자립을 이루어야 하는 과제가 있다. 이는 각국 정부가 재정 지원을 강화함으로써 해결할 수 있다.

우리에게 친숙한 결핵에 대한 대응이라 결핵동맹을 먼저 소개했지만, 사실 더 중요한 시사점을 주는 단체는 소외질환의약품개발이니셔티브(Drugs for Neglected Diseases initiative, DNDi)다.

수면병과 국경없는의사회

수면병은 우리에게 낯선 병이다. 사하라사막 이남의 아프리카에서 주로 나타나기 때문이다. 체체파리가 전파하는 트리파노소마 기생충에 감염되어 발병하는데, 처음에는 열과 두통 정도지만 2단계가 되면 수면 장애와 혼수상태를 거치다가 사망에 이른다. 기존 치료제는 멜라소프롤으로, 독성 물질인 비소가 들어 있다. 부작용이 심각하다. 복용한 사람 중 5~10%에게 뇌염이 발생하고, 불로 지지는 듯한 통증과 심각한 신경 손상이 나타난다. 이에 따라 3~5%가 사망한다. 그래도 약을 먹지 않으면 거의 다 죽으니 먹을 수밖에 없다. 이 약은 1940년대에 개발되었다. 그 뒤로 개발된 치료제는 없다. 늘 그렇듯이 아프리카의 가난한 사람이 걸리는 병이기 때문이다.

그러다 1980년대에 에플로니틴이란 약이 등장했다. 원래 항암제로 개발되었는데, 수면병에 효과가 있다는 사실이 드러났다. 14일 동안 하루 4회 주사를 맞으며, 한 번 주사할 때 2시간이 걸린다. 병원 입원이 필수다. 그래도 멜라소프롤처럼 죽지는 않고 부작용이 덜하니 조금은 나아진 셈이다. 하지만 아프리카에서 2주간 병원에 입원해 비싼 주사를 맞을 수 있는 사람은 그리 많지 않다.

그런데 제조사인 아벤티스가 1999년 생산 중단을 결정했다. 수익성이 없다는 이유였다. 그러자 국경없는의사회가 생산 재개를 촉구하는 캠페인을 시작하고 세계보건기구와 함께 제조사를 압박했다. 아벤티스는 세계보건기구와 5년간 무상 공급을 약속하는 계약을 체결하고 2001년 생산을 재개했다. 국경없는의사회는 이 과정에서 새로운 결정을 내렸다.

국경없는의사회는 1971년 결성되어 "인종, 종교, 정치 성향 등에 상관없이 누구나 의료 지원을 받을 권리가 있다"라는 신념 아래 각종 분쟁 현장이나 의료 인프라가 열악한 지역에서 의료 서비스를 펼치는 단체다. 아프리카의 의료 인프라가 부족한 지역, 수단이나 모잠비크, 아프가니스탄 등 분쟁 지역이 그들의 주요 활동 무대다. 위험한 곳에서 무장하지 않은 채 활동하다 보니 살해당하거나 납치되는 활동가들이 많다. 적십자도 포기한 곳에 그들이 있다.

국경없는의사회는 1999년 노벨평화상을 받았다. 이 상금이 시작이었다. 마침, 아벤티스가 치료제 생산을 중단한 시점이었다. 기존 다국적 제약 회사를 통해서는 개발도상국에서 발생하는 질병의 새로운 치료제 개발을 기대하기 어려운 상황이었다. 이를 어떻게든 극복하기 위해 국경없는의사회는 노벨상 상금을 종잣돈으로 비영리 연구개발 조직인 소외질환의약품개발이니셔티브(DNDi)를 결성했다. 주요 파트너는 인도의학연구위원회, 케냐의학연구소, 브라질 오스왈도크루즈재단, 말레이시아 보건부, 프랑스 파스퇴르연구소, 세계보건기구의 열대병연구훈련특별프로그램이었다. 프랑스 파스퇴르연구소를 제외하면 선진국보다는 개발도상국이거나 저개발국의 당사자들이 참여한 점이 인상적이었다. 결핵동맹보다 현장지향적인 모습을 엿볼 수 있다.

목표는 소외열대질환에 대한 치료제를 개발하고 기존 치료제를 개선하는 것, 개발한 치료제를 저렴하게 공급하는 것, 그리고 개발도상국의 연구개발 역량을 강화하는 것이었다. DNDi는 상업적 이익을 배제하고 공공성을 최우선 가치로 두는 비영리 모델을 채택했다. 그리고 현장의 이해관계자들과의 협력에 주력하고 현지의 필요성을 기반으로 환자 중심의 연구를 주요 지침으로 삼았다. 이를 통해 DNDi는 수면병, 리슈마니아증, 샤가스병, 말라리아, 소아 에이즈 등 다양한 소외 질환 치료제 개발에 성공했다. 보통 제약 회사가 하나의 신약을 개발하는 데 15~20년이 걸리는 것을 고려하면, 20여 년간의 활동으로는 대단히 눈부신 성과였다.

대표적인 업적은 수면병 치료제 개발이었다. 기존에 사용하던 에플로니틴에 또 다른 약물 니푸르티목스를 병행하는 요법을 연구했다. 니푸르티목스는 원래 1960년대에 샤가스병 치료제로 개발되어 중남미에서 널리 사용되던 약물이다. DNDi는 둘 다 트리파노소마 기생충을 제거하므로 함께 사용하면 효과를 높일 수 있다고 생각했다. 콩고민주공화국, 콩고공화국, 우간다의 현지 기관과 협력해 임상 시험을 진행하면서 치료법을 개발했다. 이렇게 개발한 새 치료법이 니푸르티목스-에플로니틴병행요법(Nifurtimox-Eflornithine Combination Therapy, NECT)이다. NECT는 치료 기간을 10일, 주사 횟수를 56회에서 14회로 줄였다. 부작용이 많이 감소했고, 비용은 절반으로 줄어들었다. NECT는 2009년 세계보건기구의 필수의약품 목록에 등재되었다.

이런 빠른 성과가 가능한 데에는 두 가지 이유가 있었다. 하나는, '오픈 이노베이션(open innovation)' 방식이다. 이 방식은 연구개발 과정에서 발생하는 모든 데이터와 결과를 공개하고 공유한다. DNDi는 임상 시험 데이터, 연구 프로토콜, 실패한 실험 결과까지 모두 공유했다. 그러자 다른 연구자들이 이를 활용하면서 중복 연구가 사라지고 발전 속도가 빨라졌다. 또 하나, 글로벌 연구 네트워크 활용이다. DNDi는 전 세계 연구 기관, 대학, 의료 기관, 제약 회사와 협력 관계를 맺었다. 기초연구는 대학, 임상 시험은 현지 의료 기관, 약품 생산은 복제약 제약사에서 담당했다. 각자 잘하는 일만 했다. 게다가 이미 존재하는 약물의 새로운 조합이나 기존 약물의 새로운 용도를 발견하는 것을 중심으로 진행하니 속도가 더 빨라졌다.

그럼 두 번째 목표인 저렴한 치료제 공급은 어떻게 되었을까? 일단 영리를 목적으로 하지 않으므로 마케팅 및 로비 비용이 들지 않았다. 그리고 기존 약물 중심으로 연구하니 비용이 줄어들었다. 게다가 연구 결과물에 대한 특허권을 얻어도 개발도상국에는 무상 혹은 매우 낮은 사용료를 부과했다. 이것들을 통해 DNDi는 기존 치료제 대비 절반 가격을 만들어 냈다. 세계보건기구는 현재 제3세계의 복제약 제약사들과 협의를 통해 싼 가격에 확보한 수면병 치료제를 아프리카에 무상으로 공급하고 있다.

세 번째 목표 또한 어느 정도 성과를 내고 있다. 글로벌 네트워크에서 임상 시험을 주로 담당하는 현지의 의료 기관은 이를 통해 자신들의 역량을 키우고, 제3세계 복제약 제약사들은 새로운 상품을 판매한다. 또 연구 역량을 축적한다. 이 과정에서 DNDi는 현지 연구자에 대한 교육과 연구 시설 지원, 기술 이전을 통해 장기적으로 지속 가능한 연구개발 생태계를 만드는 데 힘을 쏟고 있다.

이런 DNDi의 실천은 시장 논리와 다국적 기업에 의존하지 않는 새로운 길이 가능함을 보여 준다. 앞서 이야기한 것처럼 기업은 신약 개발 연구의 많은 부분을 대학 등의 공공기관에서 확보한다. 물론 이들 대학이 특허권 등을 기업에 파는 행위는 다음 연구를 위한 자금을 확보하기 위해서이고, 연구 성과에 대한 대가이다. 하지만 이렇게 공공기관과 기업의 연결고리가 생기고 강화되면서 돈이 되지 않는 연구는 외면받기 시작한다. 그리고 이런 자금 지원을 받는 곳은 제3세계 연구 기관이 아니라, 이미 우수한 역량이 확보된 선진국 연구 기관이다. 그 결과 선진국과 제3세계 연구 역량의 불평등은 더욱 커진다. DNDi의 실천은 이를 어떻게 극복할 수 있을지에 대한 완벽한 대답은 아니라도 실마리를 보여 준다.

태양에 특허를 낼 수 있나

미국의 의사이자 바이러스 학자인 조너스 솔크(Jonas Edward Salk)는 1955년 세계 최초로 소아마비 백신을 개발했다. 소아마비는 폴리오바이러스에 의한 감염병으로, 척수성 마비가 일어나 다리를 저는 경우가 많다. 5세 이하의 아이들이 많이 걸려 소아마비라 부르지만, 어른도 걸릴 수 있다. 프랭클린 D. 루스벨트 대통령은 39세에 걸렸다. 당시 미국에서만 한 해 5만8,000건이 발생해, 3,000명 넘게 사망하고 2만 명 넘게 마비가 왔다. 다른 나라라고 사정이 다르지 않았다. 한국도 1970~1980년대 한 학교에 한두 명은 어릴 때 소아마비를 앓아 다리를 절었다.

이런 때에 소아마비 백신을 개발했으니 대단한 뉴스였다. 많은 제약 회사가 솔크에게 특허권을 양도하라고 제안했다. 지금 돈으로 몇조 원을 챙길 기회였다. 하지만 그는 소아마비 백신을 무료로 풀어 버렸다. 텔레비전 인터뷰에서 백신의 특허권을 누가 가지냐는 질문을 받고 그는 이렇게 대답했다. "글쎄요 아마도 사람들이겠죠. 특허 같은 건 없습니다. 태양에도 특허를 낼 건가요?"[25]

솔크의 뒤를 이어 앨버트 세이빈(Albert Bruce Sabin)이란 미국의 의사이자 세균학자가 1955년 경구용 소아마비 백신을 개발했다. 그의 백신은 1961년 정식으로 인정받았다. 솔크의 백신은 주사로 몇 번 접종해야 하는 번거로움이 있었지만, 세이빈의 백신은 한 번 먹으면 되어서 간편했다. 세이빈의 백신은 곧 표준이 되었다. 의료 인프라가 열악한 제3세계에서 주사를 여러 번 맞아야 하는 솔크의 백신은 접종이 쉽지 않아, 한 번 먹으면 되는 세이빈의 백신이 주로 보급되었다. 세이빈 또한 백신에 대한 특허권을 포기했기에 가능했다.

소아마비 백신이 배포된 지 2년 만에 미국의 소아마비 발병률이 90% 줄어들었다. 그리고 1979년 미국에서는 더 이상 소아마비가 발병하지 않는다는 퇴치 판정이 공식적으로 내려졌다. 전 세계적으로도 소아마비 발병 건수가 99% 줄어들었다. 현재 한국에서 소아

25 https://slate.com/technology/2014/04/the-real-reasons-jonas-salk-didnt-patent-the-polio-vaccine.html

마비는 거의 찾아볼 수 없다.

솔크와 세이빈의 백신 특허권 포기가 가격에만 영향을 준 것은 아니었다. 이들이 특허권을 포기함으로써 제3세계의 수많은 복제약 제약사가 모두 백신을 생산할 수 있게 되었다. 아무리 거대 기업이라 하더라도 한 제약 회사가 전 세계 모든 이에게 보급할 백신을 한 번에 생산할 수는 없다. 하지만 제3세계의 많은 회사가 앞다투어 백신을 생산하니 훨씬 빠른 속도로 저렴한 백신이 공급되었고, 소아마비 희생자가 빠르게 줄어들었다. 이 사례에서 알 수 있듯이 약물에 대한 특허권은 긍정적 요소가 있지만, 비싼 가격과 치료제의 빠른 공급 방해라는 부정적 요소 또한 있다.

특허 문제는 코로나19 백신에서 다시 나타났다. 일반적으로 백신 개발에는 최소 5년, 보통 10년 이상이 걸린다. 임상 시험을 세 번 실시하는 데만 몇 년 걸리기 때문이다. 하지만 코로나19 백신은 약 11개월 만에 개발되었다. 임상 시험하는 데 8개월, mRNA 기술 덕분에 백신을 만드는 데 약 2개월밖에 걸리지 않았다.

기존 백신은 바이러스를 직접 배양하고 독성을 약하게 만들거나 불활성화하는 방식을 사용했다. 이 과정만 보통 수개월에서 1년 이상 걸렸다. 하지만 mRNA 백신은 바이러스의 유전자 서열만 알면 이론적으로 며칠 만에 백신 후보를 만들 수 있다. 실제로 중국이 2020년 1월 11일 유전자 서열을 공개하자, 모더나는 이틀 만에 백신 설계를 완료하고 42일 만에 첫 임상 시험용 백신을 만들었다. 화이자와 바이오엔텍도 비슷했다.

물론 이들 제약 회사가 mRNA 기술을 개발한 것은 아니었다. mRNA는 1990년대부터 시작된 공공 연구 기관의 기초연구, 2000년대 이후 진행된 암 치료제 개발을 위한 임상 시험들을 통해 성숙 단계에 들어선 기술이었다. 이 기술 개발에 미국국립보건원이 수십억 달러를 투자했다. 그리고 코로나19가 발생하자 각국 정부는 막대한 자금을 투입했다. 미국은 모더나에 25억 달러를 직접 지원했고, 화이자 및 바이오엔텍과 19억 달러의 선구매 계약을 맺었다. 유럽연합도 20억 유로를 직접 투자하고 330억 유로 규모의 선구매 계약을 맺었다.

그러나 백신을 개발한 뒤 제약 회사들은 특허권을 독점적으로 행사했다. 백신 가격은 15~39달러에 달했고, 2021년 한 해에만 화이자는 220억 달러(약 30조 원), 모더나는 180억 달러(약 23조 원)의 순이익을 올렸다. 더구나 이들은 기술 이전을 거부하고 제조 방법을 공개하지 않았다. 자기네들만 돈을 벌겠다는 속셈이었다. 선진국은 더 비싼 가격으로 백신을 확보했고, 가난한 나라들은 돈이 없어 사지 못했다. 캐나다는 인구 대비 1,000% 이상, 유럽연합은 700%, 영국은 500%의 백신을 확보했다. 하지만 아프리카 대륙의 접종률은 그해 연말이 될 때까지 8%에 그쳤다. 선진국의 자국 이기주의와 다국적 제약 회사의 돈독이 만들어 낸 결과다.

이런 상황을 타개하기 위해 인도와 남아프리카공화국은 세계무역기구에 백신 관련 특허의 일시적 면제를 제안했다. 100여 개 국가가 지지했지만, 유럽연합의 반대로 합의는 이루어지지 않았다. 또 세계보건기구는 자발적 특허 공유 플랫폼을 만들었지만, 주요 제약 회사는 참여하지 않았다. 그리고 공평한 백신 분배를 위한 코백스 프로그램은 선진국의 과잉 구매로 목표에 미치지 못했다. 그 결과 백신 개발 이전에는 선진국에서 더 많은 사망자가 나왔지만, 백신 개발 이후에는 비선진국의 비율이 더 높아졌다. 초기에 선진국 사망자가 많았던 이유는 국제 교류가 활발한 선진국 대도시 중심으로 코로가19가 퍼지고 고령 인구 비율이 높아서였다. 하지만 백신 도입 이후에 역전 현상이 나타났다. 백신 개발 이후 코로나19 사망자에 대해서는 선진국과 제약 회사의 책임이 상당하다고 할 수 있다.

에이즈 관련해서는 특허와 관련한 다른 모습을 볼 수 있다. 현재 한국은 에이즈 치료에 드는 비용 중 본인 부담분을 연말에 환급하고 있다. 사실상 비급여 치료제가 아니면 무료에 가깝다. 하지만 외국은 다르다. 에이즈를 치료하기 위해서는 평생 약을 먹어야 한다. 1990년대 후반 연간 치료비는 1만~1만5,000달러 정도, 곧 1,000만 원이 넘었다. 대부분의 아프리카 국가 평균 소득보다 훨씬 높은, 개인이 도저히 감당할 수 없는 금액이었다. 그래서 2000년 당시 치료를 받는 환자는 50만 명에 못 미쳤다.

그런데 인도의 복제약 제약사인 시플라가 2000년 연간 비용 350

달러, 곧 50여만 원이 안 되는 복제약을 내놓았다. 기존 가격의 3% 수준이었다. 그 뒤 복제약 제약사들의 경쟁이 시작되었고, 뒤에 이야기할 의약품특허공동관리기구의 영향으로 지금은 100달러 미만으로 내려갔다. 한 달에 1만 원 약간 넘는 돈으로 복용할 수 있다. 2020년 치료받은 에이즈 환자는 2,700만 명을 넘어섰다. 이렇게 시플라가 특허를 무시하고 복제약을 팔 수 있었던 이유는 당시 인도가 의약품에 대한 물질특허를 인정하지 않았고, 제조 방법이 다르면 동일 물질도 생산할 수 있었기 때문이다.

이 시기에 에이즈 활동가들을 중심으로 '사람이 특허보다 중요하다(People before patents)'라는 운동이 시작되었고, 의약품 접근권 운동이 성장했다. 그리고 브라질 등의 개발도상국은 강제실시권(compulsory license)[26] 발동을 검토했다. 1997년 남아프리카공화국이 강제실시권을 도입하자 39개 제약 회사가 남아프리카공화국 정부를 제소했다. 하지만 국제적인 비난 여론으로 소송을 취하했다. 그 뒤 브라질이 2001년 강제실시권 발동을 검토하자 머크와 로슈 등의 제약 회사들은 가격을 40~70% 인하했다. 태국에서는 2006년 에이즈와 심장병 치료제에 강제실시권이 발동되자 해당 약품 가격이 90% 이상 하락했다.

---

26 강제실시권은 특허권자의 허락 없이도 정부가 특허 기술을 사용할 수 있도록 하는 제도다. 주로 국가적 위기 상황이나 공중보건을 위해 필요한 때 발동되는데, 세계무역기구의 무역관련지적재산권에관한협정 31조에 근거한다. 특허권자에게 적절한 보상이 제공되어야 하지만, 특허권자의 동의는 필요하지 않다.

이렇게 국제 여론과 움직임이 다국적 제약 회사에 불리하게 돌아가는 와중에 세계보건기구가 주관하는 국제의약품구매기구에서 의약품특허공동관리기구를 만들었다. 간단하게 말해 다국적 제약 회사의 에이즈 치료제 특허권을 한데 모아 관리하는 기구다. 이 기구에서 제3세계의 복제약 제약사에 면허를 줬다. 원 특허권자는 자기들이 원한 정도보다는 적지만, 특허 사용료를 받고 특허권 외에 기술 이전과 품질 관리를 포함하는 포괄적 지원을 제공했다. 다국적 제약 회사로서는 어차피 비싸게 팔리지 않는 제3세계이고 국제적 원성이 자자한 판에, 강제실시권이 연쇄적으로 발동되는 것보다는 이런 식으로라도 자신들의 특허권을 보장받는 편이 낫다고 판단했다. 그리고 기구는 제3세계 복제약 제약사가 생산한 에이즈 치료제를 면허받을 때 합의한 곳, 즉 자기네 나라나 다른 저개발국에서만 판매할 수 있도록 했다. 선진국을 비롯해 다국적 제약 회사들이 비싸게 팔아도 되는 곳에서는 팔 수 없었다.

　의약품 특허 문제의 본질은 인간의 생명권과 건강권이 시장 논리와 사적 이윤 추구에 종속된다는 점에 있다. 제약 회사들은 신약 개발에 막대한 비용이 들어가므로 이를 회수하기 위해 특허권이 필요하다고 주장한다. 하지만 신약 개발의 시작은 공공 연구 기관들의 기초연구다. 수십 년간의 공공 투자로 개발된 기술이 민간 기업의 특허권으로 독점되는 것은 말이 안 된다. 게다가 제약 회사들의 연구개발비는 항상 과대 계상되는 경향이 있다. 마케팅 비용이나 임원 보상이 연구개발비보다 더 큰 경우도 많다. 근본적으로 의약품을 하나의 '상품'으로만 보는 것 자체가 문제다. 의약품은 인간의 생명과 직결된 공공재다. 에이즈 치료제 사례에서 보듯, 시장 논리에만 맡기면 수많은 생명이 위험에 빠진다. 연간 1만 달러가 넘는 비용은 하루 2달러로 사는 사람들에게는 '죽으라는 선고'다.

의약품 특허 제도에 대한 근본적인 재검토가 필요하다. 공적 자금이 투입된 연구 성과를 공공재로 관리해야 한다. 그리고 제약회사가 가격을 맘대로 정할 수 없도록 규제해야 한다. 약값이 인간의 생명권을 침해하는 수준이 되어서는 안 된다. 또한 개발도상국에 대한 특허권 행사를 제한하고 강제실시권을 적극적으로 활용해야 한다. 궁극적으로 의약품을 인류 공통의 자산으로 관리해야 한다. 공공의 영역에서 연구개발을 주도하고 그 성과를 공평하게 공유해야 한다.

6
특허와 자본
신자유주의에 포섭되는 과학

과학과 특허

"내가 더 멀리 보았다면 이는 거인의 어깨 위에 올라서 있었기 때문이다." 아이작 뉴턴이 인용하면서 유명해진 말이다. 자신이 이룬 업적이 선대의 많은 과학자가 이룬 연구의 연장선상이란 뜻으로 알려졌고, 뭔가 큰 업적을 이룬 이가 겸양을 표현할 때 많이 쓴다. 이 말은 과학 지식이 일종의 공유재임을 보여 주기도 한다. 뉴턴의 만유인력의 법칙, 힘과 가속도의 법칙은 과학 혁명의 완성이자 근대 물리학의 시작이지만, 그의 말처럼 혼자 이룬 것이 아니다. 갈릴레오 갈릴레이의 상대성원리, 르네 데카르트의 관성 개념, 크리스티안 하위헌스의 충격량과 운동량 개념 등 여러 과학자의 역학에 관한 연구가 토대가 되고, 여기에 뉴턴의 천재가 번뜩인 결과다.

당시 과학자들은 누가 먼저 발견했느냐를 두고 피 터지게 싸웠지만, 자신이 이룬 결과물을 이용해 다른 이가 실험하고 응용하는 것에 대해서는 관대했다. 아니 관대했다기보다 너무 당연해서 시비 걸 생각조차 하지 않았다. 물론 그 당시 과학자들이 품이 넓고 공공의 이익을 우선하는 이들이었기 때문은 아니다. 당시 과학은 돈이 되지 않았다. 지금은 과학 연구를 토대로 해서 새로운 기술을 개발하고 이 기술로 제품이나 서비스를 만드는 것은 아주 자연스럽다. 그러나 18세기만 하더라도 과학과 기술, 과학과 공학은 완전히 남남이었다. 예를 들어 산업혁명에서 가장 중요한 역할을 한 방적기와 방직기 기술, 증기기관의 개선 등은 당시 과학과는 상관없이 오직 기술자들이 맨땅에 헤딩하듯이 만들어 냈다.

19세기 전까지 과학은 철학처럼 다른 학문에 영향을 끼쳤지만, 그 자체로 완결적인 학문으로서 산업과 거의 무관했다. 과학자들도 '과학자(scientist)'보다 '자연철학자(Natural philosopher)'로 불리기를 원했다. 대부분 과학자는 부유한 집에서 태어난 금수저나 대학에 적을 둔 교수였고, 과학 연구가 돈이 된다는 생각을 전혀 하지 않았다. 과학 연구에서 '최초'라는 명예를 얻는 것을 중요하게 생각했지만, 독점권이나 특허권을 가지는 데는 별생각이 없었다.

이렇게 새로 발견한 과학 지식을 공유하는 과정에서 서양의 과학은 빠르게 발전했다. 18세기 이후 학술지의 발간은 서양 과학 발전에 중요한 역할을 했다. 과학자들은 자신이 발견한 내용을 논문으로 학술지에 게재했다. 이 논문을 보고 다른 과학자들은 중복되는 연구를 피하고 막혀 있던 자기 연구에 활로를 뚫었다. 그리고 논문의 결과에서 시작하는 새로운 연구가 이루어졌다. 물론 당시에도 기술은 상황이 달랐다. 산업혁명이 한창이던 18세기에 이미 각종 발명에 대한 특허가 법으로 보장되었다.

이런 상황은 19세기 중반 정도에 바뀌기 시작했다. 과학이 발전하면서 기술과의 접점이 많아졌고, 새로운 기술 중 많은 부분이 과학의 성과에서 파생되었다. 철강 산업, 자동차 산업, 화학 산업과 석유화학 산업, 전력 산업 등 근대를 만든 새로운 산업은 모두 근대 과학에 기초하고 있다. 특히나 전자기학과 화학에 많은 빚을 졌다. 그래도 과학적 발견에 특허를 내는 일은 거의 없었다. 그로부터 파생된 기술에 특허를 내기는 했지만 말이다.

가령 열역학을 가지고 특허를 내지 않았다. 다만 열역학을 기초로 제작한 엔진에는 특허가 붙었다. 이때도 내연기관의 기본 원리 자체는 특허 대상이 아니었다. 이 기본 원리는 과학자들 사이에서 연구되는 '과학적 지식'이었다. 특허 대상은 내연기관의 흡입, 압축, 폭발, 배기라는 구체적 형식이나 고속 회전을 가능하게 하는 특정한 엔진 구조 등 기술 영역이었다. 물론 휘발유 엔진을 탑재한 4륜 자동차의 기본 개념에 대한 특허를 통해 모든 자동차 제조사에 특허 사용료를 요구하는 일은 있었다. 하지만 여전히 대부분의 특허는 기술 영역이었다.

20세기 중반 이후 과학과 기술의 경계가 불분명해졌다. 이것이 과학인지 기술인지 판단하기 애매한 경우가 많아졌다. 가령 유전학은 과학이고 유전공학은 공학 및 기술이지만, 이 둘의 경계가 칼로 긋듯이 분명한 것은 아니다. 어떤 유전자가 어떤 질병의 원인인지 밝혀내거나, 유전자의 발현 과정이 어떤 경로를 거치는지를 밝혀내고 이를 제어하는 것은 유전학이기도 하고 유전공학이기도 하다. 고체물리학은 물리학의 한 분야이지만 재료공학은 소재공학의 한 분야이고, 유체역학은 물리학의 한 분야이지만 제어공학은 공학의 한 분야이다.

하나의 제품이나 기술이 여러 학문 분야에 걸쳐 있는 경우도 많다. 인공위성의 발사체는 연료에 관한 연소 이론, 로켓의 궤도에 대한 역학, 대기와 로켓의 마찰에 대한 유체역학, 로켓의 소재에 대한 재료공학, 로켓의 제어에 대한 제어공학 등 다양한 학문이 한데 합쳐 이루어진다. 요사이 이 분야에서 주목받는 발사체 재사용 기술은 이런 모든 분야를 망라한 종합 연구개발의 결과라 할 수 있다.

그러자 특허 문제가 복잡하게 얽히기 시작했다. 20세기 초까지만 하더라도 제조 공정이나 화학 공정 관련 기술, 기계장치 등이 주된 특허 대상이었지만, 20세기 중후반이 되자 유전자조작 기술, 회로 설계, 생물학적 처리 방법, 소프트웨어, 인공지능 알고리즘 등 대상이 다양해졌다. 물질특허와 유전자특허, 그리고 천연물질특허로 특허 대상이 확대되었다.

물질특허란 무엇일까? 예를 들면 이렇다. 진통제로 가장 잘 알려진 아스피린의 핵심 물질은 아세틸살리실산이다. 19세기 말 독일의 제약 회사 바이엘이 개발해 '아스피린'이란 이름으로 팔아서 대박이 났다. 다른 제약 회사들도 만들고 싶어 했고, 당시에는 가능했다. 왜냐하면 아세틸살리실산을 만드는 공정에는 특허권이 있었지만, '아세틸살리실산'이라는 물질 자체에 대해서는 특허권이 없었기 때문이다. 19세기에는 제조 공정이나 기계 등에 특허를 인정했지만, 그를 통해 만든 화학물질 자체를 특허로 인정하는 일은 거의 없었다. 화학 산업이 발달한 독일만이 예외적으로 물질특허를 인정했다. 그러니 이 제도가 없던 다른 나라에서는 같은 물질을 만들더라도 방법만 다르면 되었다.

19세기 말부터 석유화학 산업을 중심으로 화학 산업이 발달하면서 기업이 자신이 개발한 물질 자체에 대한 특허를 요구하는 일이 많아졌다. 미국은 1930년대에 물질특허를 인정했고, 그에 따라 1935년 개발된 나일론을 한동안 듀폰사만 팔 수 있었다. 그러다 2차 세계대전 뒤 프랑스 등 유럽 나라들이 물질특허를 인정했다. 그래도 물질특허는 한동안 선진국 이야기였을 뿐이다. 개발도상국이나 저개발국에 물질특허 인정은 불리했다. 선진국은 물질특허를 인정하라고 개발도상국을 계속 압박했다. 물질특허가 전 세계적으로 퍼진 데는 세계무역기구 설립이 결정적이었다. 1995년 출범한 세계무역기구 가입의 전제 조건은 물질특허 인정이었다.

현대 화학 산업에서 물질특허는 대단히 중요하다. 반도체 공정에 사용되는 감광제, 디스플레이용 발광 물질 등 다양한 분야에서 사용되는 많은 제품이 물질특허의 보호 대상이다. 하지만 요사이는 제약산업에서 물질특허가 더 큰 영향력을 가진다. 세팔로스포린 같은 항생제나 발사르탄 같은 혈압 약은 물질특허 덕분에 강력한 시장 경쟁력을 가질 수 있다. 또한 제약 회사는 에버그리닝(Evergreening) 전략이라고 해서, 원래의 제품에 대한 사소한 변형을 특허로 등록해 특허를 연장하고 있다.

게다가 물질특허가 새로운 화학물질뿐 아니라 새로 발견한 유전자에 가능해지면서 판도라 상자가 열렸다. 이제 맨 처음 발견만으로도 그 물질에 대한 특허와 독점권을 가질 수 있다. 미국의 바이오테크 회사인 미리아드는 1994년 유방암과 난소암에 관련된 유전자(BRCA1, BRCA2)를 발견하고 특허를 받았다. 그리고 이 유전자 검사를 자기네 회사가 독점했다. 검사 비용은 3,000~4,000달러, 곧 400~500만 원에 달했다. 다른 연구자들이 이 유전자를 연구하려면 회사의 허락을 받아야 했다. 결국 재판에 갔고, 2013년 미국연방대법원은 "자연에서 분리된 DNA는 특허 대상이 될 수 없다"라고 판결했다. 다만 인공적으로 만든 DNA는 여전히 특허가 가능하다.

특허 괴물

이처럼 현대의 각종 첨단산업에는 수많은 특허가 줄기줄기 엮여 있고, 이는 다양한 문제를 만든다. 20세기 새로운 산업이 된 소프트웨어에서 이런 일은 비일비재하다. 대표적인 예로 오라클이 구글을 상대로 제기한 저작권 침해 소송을 들 수 있다.

2009년 자바 프로그램을 만든 썬마이크로시스템즈를 인수한 오라클은 이듬해에 구글을 상대로 안드로이드 운영체제에서 자바 프로그래밍 언어의 API를 사용한 것이 저작권을 침해했다며 소송을 걸었다. API는 서로 다른 소프트웨어가 대화하는 방식을 정의하는 일종의 문법이다. 따라서 이 소송은 마치 영어의 문법 체계에 특허를 청구하는 것과 다르지 않았다. 프로그래밍의 기본 원칙을 뒤흔드는 일이었다. 다른 프로그래머가 작성한 코드와 호환되게 만드는 것은 기본인데, 그 방식 자체를 특허로 보호한다니 말이 안 되었다.

소송은 10년 가까이 이어졌다. 1심에서는 API의 저작권을 인정하지 않았지만 2심에서는 인정했다. 마지막으로 대법원에서는 구글의 자바 API 이용이 공정 이용에 해당한다며 구글의 손을 들어줬다. 공정 이용은 저작권자의 허락 없이 저작물을 이용할 수 있는 특수한 경우를 말한다.

이런 특허와 관련한 분쟁이 기업에서만 일어난 것은 아니었다. 대학 연구소 등 공공기관도 특허 경쟁에 가세했다. 2020년 노벨상을 받은 크리스퍼 유전자가위 기술을 둘러싼 특허 분쟁이 대표적이었다. UC버클리의 제니퍼 다우드나(Jennifer Anne Doudna) 팀과 브로드연구소의 펭 장(Fēng Zhāng) 팀은 이 기술의 특허권을 두고 치열한 법적 공방을 벌였다. 공적 자금으로 이루어진 연구였는데도 그 성과는 특허 소송으로 발이 묶였다. 두 연구팀의 구성원들은 서로 잘 아는 관계였고, 사이가 나쁘지 않았다. 소송을 벌인 것은 두 연구팀의 소속 기관들이었다.

　조금 딴 길로 새 보자. 개인 파산을 경험한 이들의 이야기를 들어 보면, 파산 선고가 나고 회생과 면책이 이루어진 다음에 금융기관과 거래를 새로 시작한다. 통장을 개설하고 체크카드를 받는다. 그러면 어느 날 통장에 지급정지가 걸린다. 가령 파산할 때 한 30곳에서 대출받았다고 치자. 파산할 때까지 어떻게든 버티다 보면 대출금을 갚지 않은 지 꽤 시간이 흐른다. 금융기관은 이렇게 채무자가 돈을 갚지 않는 악성 채권을 주기적으로 모아 아주 싸게 다른 금융기관에 넘긴다. 이런 채권만 모으는 회사가 따로 있다.

　이 회사는 채무자의 통장이 새로 개설되거나 살아 있으면 무조건 지급정지해 버린다. 채무자가 파산 후 회생이나 면책을 했다고 말해도 막무가내다. '지급정지를 풀고 싶으면 10만 원을 내라. 그러면 전체 채무를 갚은 것으로 해주겠다'라고 대응한다. 이 10만 원은 개인 면책이나 회생을 했다고 신청인이 법원에서 이런저런 사무를 처리하는 데 드는 비용과 비슷하다. 일부러 그런 금액을 정한 것이다. 채권자에게 10만 원을 주면 2~3일이면 지급정지가 풀리는데, 이것을 법원으로 가져가면 한두 달은 훨씬 더 걸린다. 그러니 대부분 돈을 입금하고 만다. 이런 꼼수를 특허에 응용한 것이 특허 관련 새로운 비즈니스 모델이다.

jpeg 사건이 대표적이다. 지금이야 인터넷 속도가 빠르니 사진이나 그림을 주고받는 일이 순식간에 이루어지지만, 20세기 말까지만 하더라도 몇 분씩 걸렸다. 컴퓨터 저장 용량은 불과 몇백 메가비트(Mb)였다. 그래서 그림 파일을 압축해 용량을 적게 만드는 일이 꽤 중요했다. 그중 jpeg 형식이 작은 용량으로도 제법 괜찮은 품질을 보여 줘서 인기를 끌었다. 인쇄용으로 쓰기에는 무리가 있지만, 웹사이트에 올리기에는 적당했다. 1990년대 웹사이트의 그래픽 파일은 대부분 jpeg나 gif 형식이었다. 컴퓨터와 연관한 디지털카메라, 프린터, 스캐너 등 각종 전자제품의 알고리즘에 다양하게 응용되었다.

그런데 갑자기 포젠트란 회사가 'jpeg에 사용되는 일부 기술에 1987년 특허를 출원했으니, 자기네랑 사용 계약을 맺어야 한다'라고 주장했다. 기업들은 소송을 제기하고 싸울 수 있었다. 하지만 소송비와 소송에 드는 인력, 시간을 생각하면 그냥 싸게 사용 계약을 맺는 것이 편하겠다 싶어 많은 기업이 울며 겨자 먹기로 계약했다. 포젠트는 원래 따로 하는 사업이 있었고, 특허는 일종의 부가 수익 사업이었다.

그러자 이와 비슷한 사건들을 유심히 살피던 사람들이 돈이 되겠다 싶어 특허 관리 전문 회사를 만들었다. 이들은 여러 회사에서 크게 사업에 도움이 되지 않는 특허를 사들였다. 이름에 나타나다시피 '제조'를 위한 것이 아니었다. 이들은 제품 생산이나 서비스에 자기들이 사들인 특허를 쓰고 있는 업체에 특허 사용료를 달라고 했고, 주지 않으면 소송을 걸었다.

물론 특허 소송은 이전에도 있었다. 삼성과 애플이 특허와 지적 재산권으로 싸운다든가 소니와 LG가 쌍방 소송한다든가 하는 식으로, 같은 분야의 제품을 만들거나 서비스하는 회사들끼리 특허 소송을 하는 일은 비일비재했다. 둘 다 제품을 만들다 보니 상대의 특허를 침해하는 경우가 대부분이었고, 소송에 드는 비용과 시간을 생각하면 둘 다 힘들었다. 그래서 한쪽이 아주 많이 침해했다면 적당히 배상하고, 그렇지 않았다면 서로의 기술을 교환해 사용하는 '크로스 라이선스(cross license)'로 마무리했다.

하지만 특허 관리 전문 회사는 아예 물건이나 서비스를 제공하지 않으니 침해할 특허 자체가 없었다. 그래서 훨씬 큰 배상금을 줘야 했다. 특히 괴로운 것은 중소기업이었다. 큰 회사야 소송을 끝까지 갈 체력이 되니 버텼지만, 작은 회사는 대형 소송에 휘말리면 골치 아프니 대충 돈을 주고 끝냈다.

대표적인 특허 관리 전문 회사가 램버스다. 이 회사 때문에 특허 관리 전문 회사에 '특허 괴물'이란 별칭이 붙었을 정도다. 램버스는 주로 메모리와 메모리 컨트롤러 칩, 그리고 이와 관련한 소프트웨어 기술을 개발하는 회사다. 물론 자기가 개발한 기술 외에도 자금이 부족한 연구소나 대학에서 개발한 기술을 싼 가격에 사서 메모리 관련한 특허 목록을 맞춰 놓았다. 메모리 하면 떠오르는 기업이 한국의 삼성전자와 하이닉스인데, 1990년대만 하더라도 메모리 반도체 산업은 미국과 일본이 석권했다. 당시 컴퓨터, 휴대전화, 게임기 등 메모리를 사용하는 많은 정보통신 제품에는 이 특허들이 필요했다. 그런데 램버스는 사용 계약보다는 소송을 즐겨 했다. 소송을 통해 배상받는 것이 특허 사용료를 받는 것보다 수익이 높았기 때문이다.

램버스보다 더한 회사가 있다. 바로 인텔렉추얼벤처스다. 이 회사는 2010년부터 소송을 시작했는데, 이 특허 중 자기가 개발한 것은 거의 없었다. 약 7만 건의 특허 가운데 대부분을 대학이나 연구소, 다른 중소기업에서 샀다. 이것으로 소송을 걸어 연간 30억 달러, 곧 4조여 원의 수익을 냈다. 현재 미국에서는 특허 소송 비용으로 평균 250만 달러, 곧 30억 원 정도가 들어간다. 중소기업이나 스타트업이 감당하기 어려운 금액이다. 그래서 많은 기업이 이 회사가 요구하는 합의금이나 특허 사용료를 부당하다고 생각하면서도 받아들인다.

또 다른 사례로 로드시스가 있다. 이 회사는 2011년부터 앱 개발자들을 대상으로 특허 소송을 시작했는데, 이는 앱 내 구매와 관련한 특허권을 기반으로 했다. 로드시스는 이 특허의 대부분을 다른 회사들로부터 사들였다. 로드시스는 특히 개인 개발자와 소규모 개발사를 대상으로 무차별적인 소송을 제기했다. 많은 개발자가 로드시스의 요구를 부당하다고 생각하면서도 재판 비용이 너무 커서

1,000~2,000달러, 곧 130~260여만 원의 지급을 결정할 수밖에 없었다. 결과적으로 많은 소규모 개발자가 앱 개발 자체를 포기하는 상황이 발생했다.

더 황당한 회사는 MPHJ테크놀로지다. 이 회사는 스캐너 관련 특허를 얻었다. 이는 문서를 스캔해서 이메일로 보내는 과정에 대한 특허다. 웬만한 회사에 스캐너가 있고 대부분 스캐너는 이 기능이 있으므로, 특허에 걸린다. MPHJ테크놀로지는 이 특허로 중소기업에 특허 사용료를 요구하는 편지를 발송하고 이 기능을 사용하는 노동자 한 명당 평균 1,000달러의 비용을 요구했다. 이 회사 혼자 미국 전체 중소기업에 전화하고 연락을 취할 수 없으니 지역을 나눠 해당 지역의 변호사를 선정했다. 회사와 변호사가 수익을 나누는 방식이다. 마치 지역별 대리점을 운영하듯이 말이다. 우편과 전화를 받은 회사는 황당했다. 그냥 스캐너로 문서를 긁어 이메일로 보내는 업무를 했을 뿐인데 특허를 위반했다니. 더구나 이 건으로 소송하면 수십만 달러가 든다니, 그냥 MPHJ테크놀로지에 돈을 주는 것이 훨씬 나은 선택이었다.

표준기술특허 혹은 장벽

2024년 현재 우리가 쓰는 휴대전화 중 절반 이상이 5G 무선통신을 이용하고 있다. 통신이 이 나라 다르고 저 나라 다를 수는 없으니, 유엔 산하 국제전기통신연합이 전 세계 표준을 정한다. 이 표준을 개발하는 곳은 3GPP(Third Generation Partnership Project)[27]로, 이동통신 사업자, 장비 제조사, 단말기 제조사, 칩 제조사, 표준화 단체, 연구 기관 등 500여 개 기업과 기관이 참여한다. 이전에 미국이나 유럽, 일본, 한국 등의 기업과 기관이 합종연횡해서 서로 다른 표준을 몇 개씩 정했던 것에 비하면 진일보한 방식이다.

이 표준에 들어가는 다양한 기술에도 특허가 있다. 5G를 서비스하려면 이들 특허를 사용할 수밖에 없다. 예를 들어 다중안테나 기술은 여러 개의 안테나를 동시에 사용해서 데이터를 더 빠르고 안정적으로 전송한다. 5G 통신에 필수적이다. 그런데 이 다중안테나 기술 특허에 세부적으로 수백 개의 특허가 들어가 있다. 이렇게 어떤 표준을 구현하는 데 필수적인 특허를 표준필수특허라 한다. 5G 이동통신은 노키아, 퀄컴, 에릭슨, 삼성전자 등이 주요 표준필수특허를 보유하고 있다. 5G 장비나 휴대전화 관련 기기를 만들려면 이특허에 사용료를 낼 수밖에 없다.

기업은 자기들이 개발한 기술이 표준이 되면 상당히 유리한 입지를 차지할 수 있다. 그래서 어떻게든 빠르게 개발하고 다른 기업과 연합하면서 표준 선정에 유리한 환경을 만들려고 기를 쓴다. 정부에서도 자국 기업 기술이 표준이 되는 것이 좋으니 여러 측면에서

---

27 3GPP는 이동통신 표준을 개발하는 국제 표준화 기구다. 1998년 설립되어 초기에는 3G(UMTS) 표준을 개발했으며, 그 뒤로는 4G(LTE), 5G(NR) 표준을 개발했다. 전 세계 주요 통신 사업자, 제조사, 연구 기관이 참여해 이동통신의 규격을 정의하고 있다.

도움을 준다.

다른 기술 분야에도 이런 표준필수특허가 상당히 많다. '코덱'이라는 기술이 여기에 해당한다. 음성이나 영상 신호를 디지털 신호로 바꾸거나 디지털 신호를 음성이나 영상으로 바꾸는 소프트웨어와 하드웨어 장치를 가리킨다. 코덱을 통해 파일 크기를 확 줄여 저장하거나 스트리밍하는 것이 가능해졌다. 유튜브, 멜론, 넷플릭스 같은 서비스를 실시간으로 시청하거나 들을 수 있는 것도 이 코덱 덕분이다.

여기에 당연히 표준필수특허가 있다. 파나소닉, LG전자, 도시바, 마이크로소프트, 소니, 구글, 후지쓰, 한국과학기술원 등 전 세계적으로 수많은 기업과 기관, 대학이 보유한 표준필수특허만 해도 1,000개가 넘는다. 이들의 특허를 모아 비아라이선싱얼라이언스라는 회사가 '특허 풀(patent pool)'[28]을 운영하고 있다. 여기에 넷플릭스와 유튜브 등 스트리밍 서비스하는 업체, 코덱 관련 기기나 부품을 만드는 회사가 특허 사용료를 내고 있다. 와이파이 또한 마찬가지다.

표준필수특허는 이것을 가지고 있는 회사에 굉장히 유리하게 작용한다. 관련 서비스를 제공하거나 장비를 만들려면 특허 사용료를 주고 사용 계약을 맺는 것이 필수적이기 때문이다. 특허 사용료를

---

28 특허 풀은 여러 회사의 특허권을 한곳에 모아 특허 사용 업무를 대행하는 기관 혹은 회사다. 특허 표준기술특허에 많다.

높게 책정해도 사용자는 울며 겨자 먹기로 받을 수밖에 없으며, 특허 사용료 계약을 상대 회사에 따라 불평등하게 책정할 수 있다. 아예 특허 사용료 계약을 하지 않고 버틸 수도 있다. 그래서 후발 주자에게는 표준필수특허가 상당한 부담이다.

가령 퀄컴은 자기가 가진 표준필수특허를 바탕으로 스마트폰 제조사들에 단말기 가격의 2.5~5%에 달하는 특허 사용료를 요구했다. 삼성전자는 3G 통신 표준필수특허와 관련해 애플에 스마트폰 최종 판매 가격의 2.4%에 해당하는 특허 사용료를 요구했다. 노키아는 메르세데스-벤츠의 모회사를 상대로 커넥티드카 관련 통신 표준필수특허 침해 소송을 제기했고, 시스코는 네트워크 장비 제조사들에 자기네 회사의 와이파이 표준필수특허에 대한 특허 사용료를 요구했다.

이런 문제가 계속 발생하자 새로운 조건이 도입되었다. 바로 '프랜드(Fair, Reasonable, And Non-Discriminatory, FRAND)'로, 공정하고 합리적이며 비차별적으로 특허 사용을 제공해야 한다는 원칙이다. 여기서 '비차별적'이란 회사에 따라 다르게 계약하면 안 된다는 것이고, '공정하고 합리적'이란 특허 사용료가 너무 높으면 안 된다는 것이다. 이에 근거해 유럽연합은 표준필수특허 기준을 발표했고, 한국 특허청은 표준필수특허 사용 협상 기준을 마련했다. 하지만 이를 둘러싼 분쟁이 여전히 여기저기서 나온다는 것은 프랜드가 제대로 작동하지 않고 있음을 뜻한다.

하지만 표준필수특허는 기업 간의 싸움으로만 치부할 수 없는 문제를 안고 있다. 우선, 표준필수특허는 기술의 공공재적 성격을 무시한다. 특히 통신이나 인터넷과 같은 기반 기술들은 현대 사회의 필수 인프라로, 누구나 자유롭게 접근하고 활용할 수 있어야 한다. 그러려고 표준을 만드는 것이다. 그런데 소수 대기업이 표준필수특허를 독점하면서 이러한 필수 기술에 대한 접근을 제한하고 있다. 5G 통신 기술은 퀄컴, 노키아, 에릭슨 등 소수 기업이 핵심 특허를 보유하고 있어서 개발도상국이나 중소기업이 접근하기 힘들다.

다음으로, 표준필수특허는 글로벌 불평등을 심화한다. 선진국 대기업이 대부분의 핵심 특허를 보유하고 있어서 개발도상국은 계속 높은 특허 사용료를 내야 한다. 이는 기술 종속을 심화하고 국가 간 경제적 격차를 확대하는 결과를 낳는다. 그리고 여전히 높은 특허 사용료는 제품 가격 상승으로 이어진다. 스마트폰 산업에서 표준필수특허에 대한 특허 사용료는 제품 가격의 상당 부분을 차지한다. 휴대전화의 안드로이드 운영체제는 소비자에게는 무료로 제공되는 듯이 보이지만, 사실 단말기 제조사들은 관련 특허 사용료를 내고 있다. 이는 결국 소비자의 부담으로 돌아온다.

마지막으로, 표준필수특허는 공공성을 해친다. 표준필수특허 대부분에는 공공기관의 기여가 핵심적이다. 가령 현재 휴대전화 무선 통신의 핵심인 CDMA 기술은 퀄컴이 상용화해 막대한 특허 이익을 얻고 있지만, 1940년대 할리우드 배우 헤디 라마르(Hedy Lamarr)

와 작곡가 조지 앤타일(George Johann Carl Antheil)이 개발한 주파수 도약 기술에서 시작되었다. 그 뒤 군사 통신 기술로 발전하면서 미국국방부가 상당한 지원을 했다. 그리고 와이파이 기술의 핵심 특허 중 상당수를 오스트레일리아의 연방과학산업연구기구가 보유하고 있다. 연방과학산업연구기구는 실내 무선통신에서 발생하는 전파 반사 문제를 해결하는 핵심 기술을 개발했으며, 이는 현대 와이파이 표준의 근간이 되었다. 또 5G 표준에는 세계 각국의 공공기관이 참여했고, 한국 국책연구소도 중요한 역할을 했다. 이들 기관에 시민의 세금이 들어간 것은 당연하다.

바로 여기에 표준필수특허를 비롯한 특허 제도의 근본적인 문제가 있다. 애초 특허 제도는 발명가의 권리를 보호하고 기술 혁신을 장려하기 위해 만들어졌다. 발명가가 자신의 발명을 공개하는 대신 일정 기간 독점적 권리를 보장받는 식의 사회적 계약이었다. 하지만 지금의 특허 제도는 발명가도, 소비자도 보호하지 못한 채 자본의 이윤 추구 수단으로 전락했다. 그리고 이제 특허 문제는 기업을 넘어 과학과 기술 전반으로 확대되고 있다.

신자유주의에 포섭되는 과학

제임스 왓슨(James Dewey Watson)과 프랜시스 크릭(Francis Harry Compton Crick)은 DNA 이중나선 구조를 발견한 공로로 1962년 노벨상을 받았다. 하지만 로잘린드 프랭클린(Rosalind Elsie Franklin)

의 DNA X선 회절 사진, 어윈 샤가프(Erwin Chargaff)의 염기 비율 법칙, 라이너스 폴링(Linus Carl Pauling)의 단백질 구조 연구 등이 없었다면 이 발견은 불가능했을 것이다. 마찬가지로 프랭클린의 X선 회절 사진은 X선을 발견한 빌헬름 콘라트 뢴트겐(Wilhelm Conrad Röntgen)이 없었다면, 샤가프의 염기 비율 법칙은 그에 앞선 염기의 발견이 없었다면 불가능했을 것이다. 과학 지식은 어떠한 경우든 선대의 지식에 힘입은 결과다. 그래서 과학적 발견은 결코 개인의 독점적 성과물이 될 수 없다. 현대의 특허 제도는 이런 집단적·지적 성과를 사유화하는 일종의 지식 인클로저다.

이런 지식 인클로저에 공공 부문과 대학이 뛰어들기 시작했다. MIT은 2022년 한 해에만 500건이 넘는 특허를 출원하고 기술 이전으로 연간 수억 달러를 벌어들이고 있다. 이제 대학의 연구 성과를 나타내는 지표에서 특허 건수와 기술 이전 수입은 중요한 기준이다. 교수들은 논문 발표를 미루고 특허 출원을 서두른다. 공공 연구소도 마찬가지다. 독일의 막스플랑크연구소나 프랑스 국립과학연구센터와 같은 기초과학 연구 기관들은 특허 목록 관리와 기술 이전 수입을 중요한 목표로 삼는다. 프랑스 파스퇴르연구소는 백신 관련 특허로 매년 수백만 유로의 수입을 올린다. 기업에서 시작된 특허는 이제 과학을 지탱하는 기초 학문 분야마저 집어삼킬 태세다.

그런데 이런 특허들이 오히려 연구를 방해하기도 했다. 하버드대학교의 한 연구팀은 2002년 바이오칩을 이용한 새로운 암 진단 방법을 개발하려 했다. 하지만 이와 관련한 유전자 마커(genetic marker)[29]에 대한 20여 개의 특허가 여러 기업과 기관에 흩어져 있어서, 비용을 감당하기 힘들어 연구 자체를 포기했다. 1990년대 후반 비타민A를 강화한 '황금쌀'을 개발한 스위스와 독일의 과학자들은 이를 개발도상국에 무료로 제공하려 했다. 하지만 개발 과정에서 사용한 기술에 70개가 넘는 특허가 있었고, 이를 정리하는 데 6년이 걸렸다. 특허 문제로 개발이 지연되면서 안정 검증과 품종 개량에 차질을 빚어 2020년대 들어서야 농부들에게 보급할 수 있었다. 앞서 이야기한 UC버클리의 제니퍼 다우드나 팀과 브로드연구소의 펭 장팀이 거의 동시에 발표한 유전자가위 기술은 두 기관 사이에 분쟁이 일어나면서 특허권 침해 문제로 많은 연구자가 후속 연구를 미룰 수밖에 없었다. 두 기관이 특허권 공유에 합의하는 데 10년 가까이 걸렸다.

이렇게 공공기관과 대학에 이르기까지 특허에 혈안이 되기 시작한 것은 1980년대부터였다. 이때 미국과 영국에서 신자유주의의 상징인 로널드 레이건 대통령과 마거릿 대처 총리가 등장했다. 소련을 중심으로 한 사회주의 진영과의 냉전에서 미국을 중심으로 한 자본주의 진영의 승리가 거의 확실시되었고, 경제적으로 독일과 일

---

29 유전자 마커는 DNA상의 특정 위치를 식별할 수 있는 DNA 서열이나 변이를 말한다. 특정 형질이나 질병과 연관한 유전자를 찾거나 추적하는 데 사용되며, 유전자 연구나 육종에서 중요한 도구로 활용된다.

본이 미국의 위치를 흔들 수 있을 정도로 성장했다. 그리고 미국과 영국은 전통 제조업이 쇠퇴하면서 경제적 어려움에 빠졌다.

이 두 가지 현실을 배경으로 미국과 영국에 신자유주의가 기승을 부렸다. 국제적으로는 다른 나라에 시장 개방을 압박하고 세계무역기구로 상징되는 자유 무역 체제를 요구했다. 또한 시장과 경제에 대한 국가의 개입을 줄이고 기업의 자유로운 활동을 보장했다. 기업 활동을 진작시키기 위해 세금을 줄였다. 세금이 줄어드니 공공지출이 줄어들 수밖에 없었고, 과학계도 예외가 아니었다. 과학의 토대를 담당하는 공공 연구소와 대학에 대한 재정 지원이 줄어들었다. 이에 대한 대책으로 공공 연구소와 기업과의 협력이 강화되었다.

상징적인 사건이 1980년 제정된 '바이-돌'법이었다. 대학 등 공공기관의 연구는 예전이나 지금이나 정부의 공공 자금에 많이 의존한다. 이전에는 이런 연구 성과의 특허권이 자금을 댄 정부에 귀속되었지만, 이 법의 제정으로 공공 연구소, 대학, 비영리 연구소, 중소기업의 연구 결과에 대한 특허 출원과 기술 사용료 수입이 허가되었다. 이전까지 이런 곳들의 연구 결과로 확보한 특허가 단 5% 정도만 기업에 팔리고 나머지는 사장되었다는 것이 그 이유였다. 즉 시장 친화적인 연구가 아니라는 것이었다. 돈은 우리가 대지만 특허는 너희가 가지라고 한 셈이다. 그 결과 730만 달러였던 1981년 미국 대학의 기술 사용료 총수익은 2008년 34억 달러로, 50배 가까이 늘어났다.

정부, 그리고 시장 친화적 대학을 원한 이들에게는 아주 흡족한 결과였다. 그러나 이 과정에서 여러 가지 문제가 발생했다. 일단 기업이 원하는 계약을 맺을 가능성이 높은 연구 비율이 늘어났다. 그리고 교수 평가에서 특허와 기술 이전이 연구 논문과 같은 비중을 차지하기 시작했다. 의학과 약학 분야에서는 '블록버스터' 신약 개발에 치중하면서 희귀질환과 열대병 연구가 소외되었다. 농업 분야에서는 상업화 가능성이 높은 작물 연구가 늘어났고, 지속 가능한 농업이나 소규모 농가를 위한 연구는 줄어들었다. 공공 연구소와 대학의 기초 학문 분야에 대한 투자와 연구도 마찬가지였다.

그리고 과학의 기본적 속성이라 여기던 공동 연구와 협업, 연구 결과의 공유는 이전보다 줄어들었다. 특허를 확보하기 전까지 무엇을 어떻게 연구하고 있었는지는 비밀이 되었고, 누가 먼저 특허를 얻는가에 대한 경쟁이 그 자리를 차지했다. 물론 경쟁은 이전에도 있었다. 하지만 신자유주의가 과학을 침범한 뒤 그 범위와 강도가 이전과는 몰라보게 달라졌다. 이런 변화는 미국과 영국에서 시작되어 다른 나라로 퍼져 나갔다.

과학 뉴스를 보면 과학자들이 신기술을 개발하고 상용화 가능성을 높였으며, 어떤 기업에 그 신기술을 이전했다는 소식이 많이 나온다. 이는 과학자들이 특허에만 목을 매고 있기 때문이 아니다. 이과 교수, 곧 대학의 연구 책임자는 보통 박사후 연구원과 박사과정 및 석사과정에 있는 이들과 팀을 꾸린다. 그런데 이들 모두 교수가 될 수는 없으니 다른 공공 연구소나 기업체로 활로를 찾아야 한다. 이때 특허 계약을 맺고 기술을 이전하는 등의 성과는 이들의 진로를 뚫어 주는 역할을 한다. 또 이런 팀을 꾸려 연구하려면 상당한 돈이 필요한데 이를 확보하기가 쉽다. 그러니 어떻게든 특허를 얻고 기술을 이전할 수 있는 연구에 주력할 수밖에 없다.

신자유주의에 대한 회의와는 별개로, 21세기 과학의 공공 부문은 특허와 기술 이전 외의 부문에서도 기업에 대한 의존성이 커지고 있다. 이를 보여 주는 것이 연구개발 투자 금액 비율이다. 1960년대 미국의 연구개발 투자 금액 중 65%가 공공 부문이었다. 민간 부문, 곧 기업은 35% 정도였다. 하지만 2020년에 들어서면서 공공은 25%밖에 되지 않고 민간이 75%를 차지한다. 다른 선진국도 대략 민간이 70%, 공공 부문이 30~35%를 차지한다. 한국은 1980년대 기업의 연구개발 투자 금액이 정부를 앞섰고, 2000년대 초에 75%가 된 뒤 지금은 선진국 중 민간 비율이 가장 높아 80%를 차지한다. 특허는 과학계의 이런 변화를 상징하는 가장 대표적인 사례로, 특허와 관련한 상당수 문제가 특허 제도를 손보는 정도로 해결될 수 없다는 사실을 보여 준다.

3부

민중의 과학

7
과학기술의 이데올로기
과학기술이 모든 문제를 해결할 수 있다?

과학기술의 가치중립성

흔히 과학기술을 가치중립적이라 한다. 기술 자체로는 선하지도 악하지도 않다는 뜻이다. 다르게 말하면, 누가 어떻게 사용하는가에 따라 좋을 수도 있고 나쁠 수도 있다는 뜻이다. 맞는 말이지만 여기에는 조금 더 고민할 거리가 있다.

과학기술의 가치중립성에 대한 인식은 시대에 따라 바뀌었다. 계몽주의 시대에는 과학이 객관적 진리를 추구한다는 믿음이 강했다. 19세기에 실증주의는 이런 관점을 더욱 강화했다. 그러나 20세기에 들어서면서 상황이 달라졌다. 두 차례의 세계대전을 거치며 과학기술이 대량살상무기 개발에 동원되는 것을 목격한 사람들은 과학의 순수성에 의문을 품기 시작했다. 1960년대부터는 환경오염 문제가 떠오르면서 과학기술의 부작용에 대한 인식이 높아졌다. 토

머스 쿤(Thomas Samuel Kuhn)이나 파울 파이어아벤트(Paul Karl Feyerabend) 같은 과학철학자들은 과학 활동 자체가 사회적 맥락에서 벗어나 있지 않다고 주장했다. 최근에는 인공지능이나 유전자조작 같은 기술이 윤리적 논란을 일으키면서 과학기술의 사회적 책임에 대한 목소리가 커지고 있다. 이런 역사적 흐름을 보면, 과학기술의 가치중립성이라는 개념 자체가 시대와 상황에 따라 다르게 해석되었다는 사실을 확인할 수 있다.

지금 우리 시대의 관점에서 이 문제를 어떻게 봐야 할까? 우선, 무슨 기술을 개발할 것인가에 대한 선택의 문제가 있다. 예전에는 이 선택을 과학자나 공학자 개인에게 맡기곤 했다. 물론 과학자들이 아무렇게나 선택한 것은 아니다. 나름의 필요성이 있을 때 개발했다. 이때 개인의 희망보다 사회적·경제적 필요성이 더욱 중요하게 작용했다. 산업혁명 시기에 자동으로 움직이는 방직기와 방적기를 개발한 것, 증기기관을 개량한 것, 전구를 개량한 것 모두 당시의 사회적·경제적 필요에 따른 일이었다.

이는 지금도 마찬가지다. 무엇을 개발할 것인가에서 과학자나 공학자 개인의 취향이 가지는 중요성은 더 낮아졌다. 과학자나 공학자 대부분은 연구소, 대학, 기업에 몸담고 있으며, 개인으로서가 아니라 여럿이 팀을 이뤄 연구한다. 그리고 이 연구에 상당한 비용이 들어간다. 최소 너덧 명에서 수백 명이 공동으로 연구하며, 연구에 필요한 장치 또한 상당히 비싸다. 따라서 연구비를 확보하는 것이 무엇보다 중요하다. 연구비는 대부분 정부나 기업에서 나온다. 연구팀이 어떤 연구를 하겠다는 제안서를 제출하더라도 정부나 기업이 이를 채택해야 연구가 가능하다. 이제 무엇을 연구할지를 정부와 기업이 대부분 선택한다.

기업은 당연히 자기네 회사에 도움이 되는 과제를 연구팀에 요구한다. 삼성전자는 반도체, 휴대전화, 디스플레이 관련 기술에 지원을 집중할 것이고, 현대자동차는 전기 자동차 배터리, 자율주행 관련 기술에 집중할 것이다. 네이버와 카카오는 인공지능에 관심을 가질 것이다. 정부도 성격에 따라 다르겠지만, 전체적인 경제성장에 도움이 되는 기술을 개발하려 할 것이다. 가령 한국 정부는 인공지능 기술, 반도체 기술, 모빌리티 기술, 유전공학 기술 등 현재 다른 나라와 치열한 경쟁을 벌이고 있는 분야의 연구에 더 많은 예산을 배정할 것이다.

그런데 이 당연한 것처럼 보이는 일에 고민할 지점이 있다. 어떤 연구를 지원할지를 누가 결정하는가의 문제다. 다르게 말하면, '이 결정에 시민사회의 참여가 배제되는 것이 합당한가?'라는 문제다.

앞서 살펴본 것처럼 대부분의 과학기술 연구는 선진국에서 이루어진다. 그리고 자기네 나라에 필요한 기술을 중심으로 개발한다. 그래서 아프리카나 중남미, 남아시아 등 저개발국에 사는 이들에게 필요한 기술은 크게 주목받지 못한다. 이렇게 되면 경제성은 없지만 삶의 질을 높이는 기술은 자연스레 외면받을 수밖에 없다. 결국

'과학기술은 중립적'이란 말은 어떤 기술을 개발할 것인가를 선택하는 순간에서부터 틀렸다고 할 수 있다.

과학기술의 중립성이라는 명제를 위협하는 것이 또 하나 있다. 연구자는 자신이 개발한 과학기술을 사회가 어떻게 수용할지를 예상할 수 있다. 어떤 기술이든 연구를 시작할 시점에 이미 주요 수용처가 정해진 것이 대부분이다. 기초과학은 수용 지점이 불분명하기도 하지만, 공학에 가까워질수록 수용 지점은 분명해진다.

가령 스텔스 기술은 상대방의 레이더에 전투기나 전함이 발견되지 않도록 하는 것이 연구의 기본 목표다. 군사용임이 틀림없다. 나중에 스텔스 기술의 다른 응용처가 나타날 수 있지만, 그것을 기대하고 개발하지는 않는다. 그런데 세계 평화를 위해서 주요 나라들의 군축이 중요하다고 생각한다면 과연 스텔스 기술을 개발할까? 또 하나, 전투기를 생산할 수 있는 일부 국가에 스텔스 기술은 중요하겠지만, 전투기를 만들 수 없어서 타국으로부터 수입하거나 수입하더라도 돈이 없어 몇 대밖에 살 수 없는 나라에는 그림의 떡일 뿐이다. 스텔스 기술과 같은 군사 기술은 강대국과 약소국의 국방력 격차를 더욱 크게 만든다.

이를 예상하면서 수행하는 연구를 과연 가치중립적이라 할 수 있을까? 최소한 이 기술을 개발하려는 당사자에게는 전혀 그렇지 않다. 애써 기술이 만들 미래의 영향에 대해 무관심할 수는 있지만, 그 무관심 자체가 하나의 태도라 볼 수밖에 없다.

과학만능주의

과학기술이 모든 문제를 해결할 수 있다는 믿음은 근대 이래로 계속되었다. 과학혁명 이후 과학기술의 발전이 인류를 더 나은 미래로 이끌 것이라 많은 이들이 믿었다. 20세기 초반만 해도 이런 믿음은 매우 강했다. 그때 사람들은 과학기술이 발전하면 질병이 사라지고 빈곤이 해결될 것이라 여겼다.

이런 믿음을 반영했을까? 어린이가 보는 책에는 미래에 대한 희망이 가득했다. 책에서 그 희망의 대부분은 더욱 발달한 과학기술에 의해 이루어진다. 달이나 화성에 사람들이 살고, 기후 위기가 극복되고, 지구는 더욱 푸르러지고, 수명이 연장되고, 나이가 들어도 건강하며, 빈부 격차는 줄어든다. 희망의 모습은 조금씩 바뀌었지만, 19세기 후반의 어린이책에도 20세기 초중반의 어린이책에도 과학과 기술이 그것을 이뤄 주리란 믿음은 공고했다.

하지만 이런 낙관적 전망은 두 차례의 세계대전을 겪으면서 흔들리기 시작했다. 과학기술이 전쟁 무기를 만드는 데 동원되었고, 특히 핵폭탄의 개발은 과학기술이 얼마나 파괴적일 수 있을지를 보여 줬다. 1960년대부터는 환경오염 문제가 나타나면서 과학기술의 부작용에 대한 우려가 커졌다. DDT, 프레온가스 등 과학기술로 만든 신물질이 오히려 지구와 인간을 위협했다. 땅과 물이 오염되고 하늘에 오존 구멍이 뚫렸다.

이런 걱정 속에서도 과학기술을 통한 문제 해결이라는 믿음은 여전했다. 오히려 과학기술이 만든 문제를 또다시 과학기술로 해결하려는 경향이 더 커졌다. 환경오염이 심각한 문제로 떠오르자 많은 사람이 기술 발전을 통해 이를 해결할 수 있다고 믿었다. 오염물질을 만들지 않는 기술, 오염물질을 제거하는 기술, 친환경 에너지 기술 등을 개발하면 된다고 보았다. 프레온가스가 오존층에 구멍을 뚫자, 다른 냉매를 개발해 이를 극복한 사례들은 이런 주장에 힘을 실었다.

이런 경향은 지금도 이어지고 있다. 미세먼지 문제만 봐도 그렇다. 공기청정기 보급이나 미세먼지 저감 시설 설치 등 기술적 해결에만 초점을 맞추는 경향이 있다. 정작 미세먼지를 만드는 산업구조나 에너지 정책에 대한 근본적인 성찰은 부족하다. 이런 과학만능주의는 기후 위기 대응에서 극명하게 드러난다. 주요 국가들은 이산화탄소 포집 기술, 수소 에너지, 핵융합 발전 등 신기술 개발을 통해 기후 위기를 해결하려 한다. 미국은 기후 위기 대응을 새로운 산업 육성의 기회로까지 본다. 미국의 바이든 정부가 추진한 그린 뉴딜(Green New Deal)은 결국 친환경 기술 개발을 통한 새로운 시장 창출이 핵심이었다.

한국도 비슷하다. 정부는 '2050 탄소중립'을 선언하면서 이를 달성하기 위한 핵심 수단으로 신재생에너지와 함께, 아직 검증되지 않았고 상용화가 먼 이산화탄소 포집 기술을 내세운다. 또 수소 경제를 강조하면서 수소차, 수소 발전 등을 미래 성장 동력으로 삼겠다고 한다. 이런 기술이 아직 검증되지 않았다는 것도 문제지만, 또 다른 문제가 있다. 우선, 이런 기술이 주로 대기업 중심으로 개발되면서 대기업의 새로운 수익원이 된다는 사실이다. 다음으로, 이런 기술의 혜택이 불평등하게 돌아간다는 사실이다. 가령 수소차나 전기차는 중산층 이상만 구매할 수 있는 수준이고, 충전 시설이 도시 중심으로 설치되면서 저소득층이나 농어촌 지역은 소외되고 있다.

농업 문제를 첨단 기술로 해결하겠다는 스마트팜(Smart farm)에도 같은 문제가 반복된다. 사물인터넷(IoT) 센서와 인공지능을 활용해 작물 생육 환경을 제어하고 생산성을 높이는 것 자체는 좋은 기술이다. 하지만 초기 투자 비용이 많이 들어서 기존 농민들은 엄두를 내지 못한다. 결국 자본을 가진 기업들이 스마트팜 시장을 장악하게 되고, 이는 한국 농업이 직면한 고령화와 소득 불안정성, 농지 가격 상승 같은 구조적 문제를 더욱 악화할 수 있다.

더구나 이런 기술 중심의 접근은 문제의 본질을 흐린다. 기후 위기는 과도한 생산과 소비, 화석연료 중심의 산업구조가 근본 원인이다. 농업 문제도 마찬가지로 농민의 권리가 제대로 보장되지 않는 먹거리 체계가 핵심이다. 이런 구조적 문제들을 단순히 기술 개발만으로 해결하려는 태도는 근본적인 한계가 있을 수밖에 없다. 오히려 이런 과학만능주의가 우리의 생활방식과 가치관에 대한 근본적인 성찰을 방해하고 기존의 불평등한 구조를 강화할 위험이 있다.

특히 주목할 것은 이런 과학만능주의가 종종 정치적 책임을 회피하는 수단이 된다는 점이다. 미세먼지 문제를 예로 들어보자. 정부와 기업은 공기청정기 보급이나 미세먼지 저감 시설 설치 같은 기술적 해결책을 내놓는다. 하지만 석탄발전소를 줄이고 산업구조를 바꾸는 등의 근본적 변화는 미룬다. 기술적 해결책을 내세워 현재의 여론을 잠재우면서 실질적인 변화를 회피하는 것이다.

자원 순환 분야도 마찬가지다. 기업들은 재활용이 쉬운 포장재를 개발하거나 폐기물 처리 기술을 개선하는 데 투자한다. 애초에 왜 이렇게 많은 포장재가 필요한지, 대량생산과 과잉 소비를 조장하는 비즈니스 모델을 왜 바꾸지 않는지 같은 질문은 비껴간다. 일회용 플라스틱이 문제가 되자, 일회용품을 쓰지 않는 것이 아니라 '친환경' 일회용품을 만들어 해결하는 식이다. 과학만능주의는 현재의 생산과 소비 방식을 그대로 유지하면서 문제를 해결할 수 있다는 환상을 심어 준다.

인공지능을 통한 사회문제 해결 또한 비슷한 맥락으로 이해할 수 있다. 예를 들어 치안 문제를 해결하기 위해 CCTV에 인공지능을 도입하는데, 이는 범죄의 사회경제적 원인을 들여다보지 않은 채 감시와 통제만 강화하는 결과를 낳을 수 있다. 교육 격차 해소를 위해 인공지능 교육 프로그램을 도입하는 것도 마찬가지다. 교육 불평등의 구조적 원인은 그대로 둔 채 기술로만 해결하려다 보면, 오히려 디지털 기기와 인터넷 접근성의 차이에 따른 새로운 형태의 교육 격차가 발생할 수 있다.

우리에게 진짜 필요한 것은 기술 발전과 사회 변화를 함께 고민하는 통합적인 접근이다. 예를 들어, 재생에너지 기술을 개발하더라도 이를 에너지 민주주의와 연결해 지역 주민이 발전의 주체가 되고 이익을 공유할 수 있는 방식을 모색해야 한다. 태양광협동조합이나 지역 주민이 참여하는 풍력발전이 아닌 대기업 중심의 신재생에너지는 또 다른 문제를 낳을 가능성이 크다. 스마트팜을 대기업 중심이 아닌 농민협동조합 방식으로 추진한다면 다른 결과를 가져올 수 있다. 기술이 누구를 위한 것인지, 어떤 사회를 만들어 갈 것인지에 대한 고민이 함께 이뤄져야 한다.

과학만능주의의 또 다른 문제는 우리가 가진 지식과 해결책을 지나치게 단순화한다는 점이다. 예를 들어, 산림 파괴 문제에 대해 드론으로 나무를 심거나 인공지능으로 산림을 관리하는 첨단 기술을 도입하려 한다. 그러나 오랫동안 그 숲과 더불어 살아온 선주민들의 전통적인 산림 관리 방식은 무시한다. 그들이 수백 년에 걸쳐 모은 생태계에 대한 이해와 지속 가능한 산림 이용 방식을 '비과학적'이라는 이유로 배제한다.

도시 문제도 그렇다. 스마트시티 사업은 도시의 모든 것을 데이터화하고 이를 인공지능으로 관리하려 한다. 교통체증, 쓰레기 처리, 에너지 사용 등을 모두 데이터로 수집하고 최적화한다는 것이다. 하지만 이런 접근은 도시가 가진 복잡성과 다양성을 지나치게 단순화할 위험이 있다. 도시는 단순한 데이터의 집합이 아니라 사람들의 삶과 문화, 역사가 켜켜이 쌓인 공간이다. 골목길 구조나 이웃 간의 관계같이 데이터화하기 어려운 요소들이 도시의 중요한 가치가 되기도 한다.

과학만능주의는 우리 사회가 가진 다양한 지혜와 가능성을 제한할 수 있다. 물론 새로운 과학기술의 도움을 받아야 할 부분이 분명히 있다. 하지만 그것이 유일한 해답인 것처럼 여기거나 다른 형태의 지식과 해결책을 배제해서는 안 된다. 과학기술은 우리가 가진 다양한 도구 중 하나일 뿐이지, 모든 문제를 해결하는 만능열쇠가 아니다.

기술결정론

기술결정론은 기술의 발전이 사회 변화를 일방적으로 결정한다고 보는 이론이다. 기술이 발전하면 생산력이 높아지고 높아진 생산력은 생산양식을 바꾸는데, 이런 경제 영역의 변화가 사회구조를 바꾼다는 주장이다. 가령 증기기관의 발명이 산업혁명을 가져왔고, 산업혁명을 통한 생산양식의 변화가 자본주의 사회를 만들었다는 것이다. 또 인터넷이 만들어지면서 정보의 생산과 공유 방식을 근본적으로 변화시켰고, 이는 지식과 정보가 핵심 자원이 되는 정보화 사회로의 전환을 만들었다는 식이다. 얼핏 보면 그럴듯해 보인다. 실제로 새로운 기술은 우리 삶을 크게 바꾼다. 하지만 조금만 자세히 들여다보면 이런 설명이 매우 단순하다는 사실을 알 수 있다.

얼마 전부터 유행하는 4차 산업혁명론이 대표적이다. 4차 산업혁명론을 주장하는 이들은 인공지능과 빅데이터 기술이 발전하면서 기존의 일자리가 사라지고 새로운 일자리가 들어설 것이라 말한다. 구체적으로는 제조업에서 스마트팩토리가 도입되면서 생산직 노동자가 줄어들고, 데이터사이언티스트나 인공지능엔지니어 같은 새로운 직종이 늘어난다고 예측한다. 또한 블록체인과 메타버스 기술이 발전하면서 금융업과 서비스업의 형태가 바뀌고, 이에 따라 은행원이나 판매직 같은 전통적인 서비스직이 사라진다고 예측한다. 나아가 이런 변화가 교육과 의료, 문화 등 모든 영역으로 퍼지면서 우리 사회의 기본 구조 자체가 바뀐다고 주장한다. 하지만 실제로 이런 변화는 기술 자체에 의해 일어나지 않는다.

키오스크의 도입을 예로 들어 보자. 키오스크 기술은 이미 2000년대 초반에 있었다. 맥도날드와 롯데리아 같은 패스트푸드점에서 2010년대 초반부터 실험적으로 도입했다. 기술적으로는 당시에도 충분히 가능했지만 상용화되지 않았다. 고객들의 거부감이 있었고, 무엇보다 기업들이 굳이 비용을 들여 키오스크를 도입할 필요성을 느끼지 못했다. 최근 몇 년 사이에 갑자기 키오스크가 퍼진 이유는 기술 발전 때문이 아니다. 최저임금이 오르면서 인건비 부담이 커지고, 코로나19에 따른 비대면 선호 현상이 두드러졌기 때문이다. 여기에 야간근로수당 인상과 주 52시간 근무제 도입으로 심야 시간대 인건비 부담이 커지면서, 장시간 운영하는 매장을 중심으로 키오스크 도입이 급격히 늘어났다. 기술은 이미 있었지만, 이런 사회경제적 조건이 바뀌면서 도입이 가속화되었다.

배달 앱도 비슷하다. GPS 기반 위치 추적이나 모바일 결제 기술은 이미 2010년대 초반에 있었다. 당시에도 배달 앱 제작은 기술적으로 충분히 가능했고, 실제로 몇몇 업체가 시도했다. 하지만 큰 호응을 얻지 못했다. 사람들은 배달 음식을 주문할 때 여전히 전화를 사용하는 것에 익숙했고, 음식점들도 기존 방식을 바꿀 필요성을 느끼지 못했기 때문이다.

최근 몇 년 사이에 배달 앱이 폭발적으로 성장한 것은 여러 사회적 변화가 겹친 결과다. 일인 가구가 급증하고 맞벌이 부부가 늘어나면서 끼니를 해결할 시간이 부족해졌고, 즉석식품과 배달 음식에 대한 수요가 커졌다. 여기에 스마트폰이 보편화되고 모바일 결제가 일상화되면서 배달 앱 사용에 대한 진입장벽이 낮아졌다. 특히 한국의 독특한 조건이 주효했다. 기존의 중국집 등에서 이미 오토바이 배달이 보편화되어 있었고, 좁은 국토와 높은 인구밀도로 배달 서비스를 효율적으로 운영할 수 있었다. 배달의민족 같은 플랫폼 기업들은 이런 조건을 활용해 초기에 엄청난 마케팅 비용을 들여 시장을 장악했고, 수수료를 거의 받지 않으면서 음식점과 소비자를 플랫폼에 묶어 두었다. 이제는 시장 지배력이 강화되자 수수료를 올리고 있다.

이처럼 새로운 기술의 도입과 확산은 단순히 기술이 발전해서가 아니라, 특정한 사회경제적 조건과 시장 논리가 맞물린 결과다. 따라서 새로운 기술의 사회적 보편화는 누구의 이해관계를 반영하는지를 꼼꼼히 살펴봐야 한다.

기술결정론이 특히 문제가 되는 분야는 노동이다. 산업혁명 시기를 보면 이런 측면이 잘 드러난다. 당시 방직공과 수공업자의 일자리는 기계의 도입으로 사라졌다. 증기기관과 방직기계가 도입된 이유는 더 빠르고 싸게 생산하려는 자본의 요구 때문이었다. 기계가 24시간 쉬지 않고 일하게 되면서 이제 숙련공이 아닌 비숙련 노동자로도 물건을 만들어 낼 수 있었다. 숙련 방직공들은 일자리를 잃었고, 남은 노동자들은 더 낮은 임금을 받으며 기계의 속도에 맞춰 일했다.

이런 현상은 지금도 반복되고 있다. 물류 창고의 자동화를 두고 기업들은 '스마트 물류'나 '디지털 혁신'이라 부른다. 실제로 자동화는 물류 과정을 효율화한다. 대규모 물류센터에서 수많은 상품을 관리하고, 빠른 배송을 위해 최적의 동선을 찾아내며, 재고를 정확하게 파악하는 데 자동화 기술은 분명 도움이 된다. 특히 온라인 쇼핑이 급증하면서 더 빠르고 정확한 물류 처리의 필요성이 커졌다. 그러나 이런 자동화는 노동 과정을 더욱 강하게 통제하는 수단이 되고 있다.

예를 들어 아마존의 물류 창고에서는 인공지능이 노동자의 동선과 작업 속도를 철저하게 통제한다. 각 작업자가 시간당 몇 개의 물건을 처리하는지, 휴식 시간은 얼마나 되는지까지 세세하게 측정한다. 화장실을 마음대로 갈 수 없을 정도로 노동강도가 세졌다. 쿠팡이나 마켓컬리 같은 국내 기업들도 비슷한 방식으로 물류 창고를 운영한다.

이처럼 물류 자동화는 두 가지 측면을 동시에 가지고 있다. 한편으로는 늘어나는 물류량과 빨라지는 배송 속도에 대응하기 위한 기술적 혁신이면서, 다른 한편으로는 노동 과정을 더욱 강하게 통제하고 생산성을 끌어올리는 수단이다. 그런데 이런 기술 도입 과정에서 효율성만을 강조할 뿐 노동자의 건강이나 작업장의 민주성 같은 가치는 고려하지 않는다.

문제는 이런 변화를 기술 발전의 필연적 결과인 것처럼 포장한다는 사실이다. 4차 산업혁명이나 디지털 전환이라는 말로 포장하면서, 실제로는 자본의 이윤 추구를 위한 변화를 거스를 수 없는 시대의 흐름처럼 설명한다. 기술결정론이 빛을 발하는 순간이다. 마치 증기기관이 산업혁명을 필연적으로 가져왔듯이, 인공지능과 자동화 기술이 노동의 미래를 결정할 것처럼 이야기한다. 이는 기술 발전의 방향을 누가 결정하며, 그 과정에서 누가 이익을 보고 누가 피해를 보는지에 대한 질문을 가로막는다.

노동자들이 기술 도입 과정에 적극적으로 개입하면서 이런 양상이 달라진 사례가 있다. 폭스바겐과 BMW 같은 독일 자동차 기업들은 1980년대부터 공장 자동화를 추진했는데, 이 과정에 노동조합이 적극적으로 참여했다. 노동조합은 자동화를 반대하는 대신 노동자들의 숙련도를 높이고 작업장 자율성을 확대하는 방향으로 기술 도입을 끌어냈다. 그 결과 완전 자동화 대신 '인간 중심의 자동화'가 이뤄졌고, 노동자들은 일자리를 지켜냈다.

최근 물류 산업에서 비슷한 시도들이 나타나고 있다. 독일의 물류 창고 노동자들은 노동조합을 통해 자동화 설비 도입 과정에 참여했다. 생산성만을 높이는 방식이 아니라 노동자의 건강과 안전을 고려한 방식으로 기술을 도입했다. 예를 들어 무거운 물건을 들어 올리는 로봇 팔을 도입할 때 노동자를 대체하는 방식이 아니라, 노동자의 육체적 부담을 덜어주는 보조 수단으로 활용하는 방식을 채택했다. 나아가 스웨덴의 볼보자동차는 '반자동화'라는 개념을 도입했다. 완전히 자동화된 생산 설비 대신 노동자들이 팀을 이뤄 자율적으로 작업할 수 있는 시스템을 만들었다. 로봇은 위험하거나 단순 반복적인 작업을 보조하는 역할을 하고, 주요 작업은 여전히 숙련된 노동자들이 담당한다. 그 결과 생산성과 품질이 모두 향상되었고, 노동자들의 직무 만족도가 높아졌다.

이런 사례들은 기술 발전의 방향이 정해져 있지 않다는 것을 보여 준다. 같은 기술이라도 그것을 어떻게 도입하고 활용할지는 사회적 선택의 문제다. 노동자들이 기술 도입 과정에 목소리를 낼 수 있을 때 기술은 자본의 이윤을 위한 도구가 아니라, 노동의 질을 높이고 사회적 가치를 만드는 수단이 된다. 우리에게 필요한 것은 기술결정론에서 벗어나 기술 발전의 방향을 사회 구성원들이 함께 결정할 수 있는 민주적인 구조 만들기다. 특히 그 기술을 직접 다룰 노동자들의 경험과 지혜를 기술 도입 과정에 반영해야 한다. 그럴 때 기술 혁신이 우리 사회의 발전에 이바지할 수 있다.

청부과학

청부과학이란 특정 집단의 이해관계를 위해 과학 연구가 왜곡되는 현상을 가리킨다. 1950년대 초반에 과학자들이 흡연과 폐암 사이의 관련성을 밝혀내기 시작하자, 담배 회사들은 발 빠르게 대응했다. 1953년 12월 미국의 주요 담배 회사 대표들은 뉴욕의 플라자호텔에서 비밀리에 모여, 홍보 회사 힐앤놀튼의 자문에 따라 담배산업연구위원회를 설립했다.

이 위원회가 겉으로 내건 목표는 '흡연이 건강에 끼치는 영향에 관한 과학적 연구'였지만, 실제 목적은 달랐다. 담배 회사들은 흡연의 위험성을 부정하는 연구를 찾아 막대한 자금을 지원했다. 이들이 채택한 전략은 '의심의 제조(manufacturing doubt)'였다. 폐암의 원인으로 스트레스나 대기오염 같은 요인들을 제시하면서 흡연과 폐암의 직접적인 관련성에 의문을 제기했다.

특히 교묘했던 것은 '더 많은 연구가 필요하다'라는 주장이었다. 얼핏 과학적으로 들리지만, 사실은 규제를 미루기 위한 전략이었다. 이미 충분한 증거가 있는데도 담배 회사들은 계속해서 '확실한 증거가 없다'라고 주장했다. 심지어 자신들이 후원한 연구 결과를 대중매체에 적극적으로 홍보하면서 과학적 논쟁이 진행 중이라는 잘못된 인상을 심어 줬다.

이런 전략은 대단히 효과적이었다. 담배 회사들의 청부과학은 수십 년간 금연 정책과 규제를 지연시켰고, 그사이 수많은 사람이 목숨을 잃었다. 나중에 공개된 내부 문건들을 보면, 담배 회사들은 자사 제품의 위험성을 알고 있으면서도 이를 철저히 숨겼다. 1950년대부터 2000년대까지 이어진 이 청부과학의 역사는 기업의 이윤이 어떻게 과학을 왜곡하고 공중보건을 위협하는지를 보여 줬다.

삼성전자 반도체 공장의 직업병 논란은 한국에서 벌어진 대표적인 청부과학 사례다. 2007년 삼성전자 기흥공장에서 일하다 백혈병으로 사망한 황유미의 이야기가 알려지면서 반도체 공장 직업병 문제가 수면 위로 떠올랐다. 그 뒤 비슷한 사례들이 잇따라 제기되자 작업환경과 질병 발생의 관련성을 둘러싼 논쟁이 시작되었다. 삼성전자는 자신이 선택한 연구진을 통해 여러 차례 연구를 진행했다. 이 연구들은 하나같이 반도체 공장의 작업환경과 노동자들의 질병 발생 사이에 뚜렷한 관련성이 없다는 결론을 내놓았다. 연구진들은 '과학적 증거가 부족하다'라거나 '다른 원인일 가능성이 있다'라는 식의 주장을 펼쳤다. 담배 회사들과 똑같았다.

그러나 노동계와 시민단체가 의뢰한 연구들은 정반대의 결과를 보여 줬다. 이 연구들은 반도체 생산 공정에서 사용되는 각종 유해 물질과 노동자의 질병 발생 사이에 분명한 관련성이 있다고 밝혔다. 특히 벤젠이나 폼알데하이드 같은 발암물질에 대한 노출이 백혈병 등 각종 질병의 원인이 될 수 있다고 지적했다.

이처럼 상반된 연구 결과가 나온 이유는 연구 설계 단계부터 차이가 있었기 때문이다. 삼성전자 측 연구는 제한된 데이터만을 사용하고 매우 엄격한 인과관계 기준을 적용했다. 반면 노동계와 시민단체가 의뢰한 연구는 더 포괄적인 데이터를 검토하고 역학조사의 일반적인 기준을 따랐다. 같은 현상을 연구하는데 누구의 의뢰를 받아 어떤 방식으로 연구하느냐에 따라 전혀 다른 결론이 나온 것이다.

이 사례는 기업이 자신에게 유리한 연구 결과를 얻기 위해 어떤 방식을 사용하는지를 잘 보여 준다. 연구자 선정부터 연구 설계, 데이터 수집, 결과 해석에 이르기까지 모든 과정에서 의뢰인의 이해관계가 반영될 수 있다. 이 논란은 2018년에야 삼성전자가 반도체 공장 직업병 문제에 대해 공식으로 사과하며 부분적으로 정리되었다. 청부과학이 어떻게 진실을 가릴 수 있는지를 보여 준 중요한 사례다.

이런 일은 기후 위기를 둘러싼 청부과학에서도 진행되었다. 특히 석유 회사들의 행태는 과거 담배 회사들과 놀라울 정도로 비슷했다. 엑손모빌이 대표적이었다. 엑손모빌의 과학자들은 1970년대부터 화석연료 사용이 지구온난화를 일으킬 것이라 경고했다. 1977년 엑손모빌의 수석과학자는 내부 회의에서 이산화탄소 증가가 지구의 기후를 변화시킬 것이라 발표했다. 하지만 엑손모빌은 이런 내부 연구 결과와 정반대로 행동했다. 회사는 주로 보수 성향의 싱크탱크를 통해 1980년대부터 기후변화의 불확실성을 강조하는 연구를 후원하기 시작했다. 이 연구들은 '태양 활동이 기후변화의 주범이다', '이산화탄소는 오히려 농작물 생장에 도움을 준다'와 같은 주장을 펼쳤다. 특히 교묘하게 '과학적 논쟁이 진행 중'이라는 프레임을 만들었다. 이미 기후과학자들 사이에서 인간 활동이 기후변화의 주원인이라는 데 광범위한 합의가 있었지만, 석유 회사들이 후원한 연구들은 마치 큰 논쟁이 있는 것처럼 상황을 호도했다. 이는 담배 회사들이 썼던 '의심의 제조' 전략과 똑같았다.

이런 청부과학은 미국을 중심으로 거대한 기후변화 부정 네트워크를 만들었다. 석유 회사들은 수십 개의 싱크탱크와 로비 단체에 막대한 자금을 지원하고 기후변화 회의론을 퍼뜨리는 데 주력했다. 과학자들을 고용해 기후변화 연구에 의문을 제기하는 논문들을 발표하게 했다.

이런 전략은 효과적이었다. 기후변화의 심각성이 이미 과학적으로 입증되었는데도 많은 사람이 이를 의심하도록 만들었다. 온실가스 감축을 위한 정부 규제는 계속 미뤄졌고, 석유 회사들은 막대한 이윤을 계속 챙겼다. 2015년이 되어서야 엑손모빌의 내부 문건들이 공개되면서 이런 기만적인 전략이 세상에 드러났다. 하지만 그들이 뿌린 기후변화 회의론의 씨앗은 아직도 영향을 끼치고 있다.

청부과학은 연구비의 출처와 관련이 깊다. 과학기술 연구에는 상당한 비용이 들어간다. 실험실과 고가의 장비가 필요하다. 연구원들의 인건비도 필요하다. 그런데 이런 비용을 조달할 수 있는 곳은 제한적이다. 정부 출연 연구소는 정부 예산으로 운영되지만, 기초과학 분야를 제외하면 대부분 산업 발전에 필요한 연구에 집중한다. 대학은 더 심각하다. 등록금만으로는 턱없이 부족해 외부 연구비를 받아야 하는데, 그 상당 부분을 기업이 제공한다. 이런 상황에서 기업의 이해관계에 반하는 연구를 진행하기는 쉽지 않다. 가령 어떤 제품이나 원료의 유해성을 연구하고 싶어도 그 제품을 만드는 기업으로부터 연구비를 받아야 한다면 객관적인 연구가 어렵다. 실제로 제약 회사가 후원하는 임상 시험은 그 회사 약이 효과적이라는 결과가 나올 확률이 훨씬 높다는 연구 결과가 있다.

특히 산업보건 분야가 문제다. 노동자의 건강에 영향을 끼치는 요인들을 연구하려면 해당 사업장의 협조가 필요하다. 그런데 기업들은 자신들에게 불리한 결과가 나올 것을 우려해 연구 협조를 거부하거나, 아예 자신들이 선택한 연구자에게만 연구를 허용하곤 한다. 이런 식의 청부과학은 점점 더 교묘해지고 있다. 예전에는 노골적으로 연구 결과를 왜곡했지만, 요사이는 연구 방법이나 데이터 선택 과정에서 미묘하게 조작한다. 제품의 안전성을 입증하는 실험에서 위험이 나타날 만한 조건은 제외하고 안전한 결과가 나올 만한 조건만 선택하는 식이다.

청부과학의 가장 큰 문제는 과학에 대한 신뢰를 무너뜨린다는 것이다. 과학이 특정 집단의 이해관계를 위해 왜곡될 수 있다는 사실이 알려지면서, 사람들은 과학적 연구 결과를 불신하게 되었다. 코로나19 시기에 백신에 대한 불신이 컸던 이유를 이런 맥락에서 이해할 수 있다. 당시 제약 회사들이 후원한 임상 시험 결과를 어디까지 믿을 수 있느냐는 의구심이 컸다.

특히 환경과 보건 분야에서 이런 불신이 심각하다. 미세먼지나 방사능 오염에 대한 정부나 기업의 발표를 두고 항상 논란이 일어나는 데는 이런 배경이 있다. 후쿠시마 원전 오염수 방류를 둘러싼 논란을 보면, 일본 정부와 도쿄전력이 내놓는 과학적 근거를 아무도 신뢰하지 않는다. 물론 여기에는 한일 관계라는 정치적 맥락이 있지만, 기본적으로는 기업이나 정부가 후원하는 과학 연구에 대한 불신이 깔려 있다.

그리고 이런 불신은 반과학적 태도로 이어질 수 있다. 실제로 일부 환경 단체나 소비자 단체는 과학 자체를 불신하면서 비과학적인 주장을 펼친다. GMO나 전자파를 둘러싼 논쟁이 대표적이다.

이런 청부과학을 막기 위해서는 어떻게 해야 할까? 첫째, 모든 과학 연구에서 연구비 출처와 이해관계를 투명하게 공개해야 한다. 제약 회사나 화학 회사가 후원한 연구라면 그 사실을 명확히 밝혀야 한다. 마치 금융권에서 이해 상충 관계를 공개하는 것과 비슷한 원리다.

둘째, 기업들이 제품의 안전성을 입증할 책임을 져야 한다. 지금은 제품의 위험성이 드러난 뒤에 규제가 이뤄지는데, 이를 뒤집어서 시장에 내놓기 전에 안전성을 검증해야 한다. 또한 기업들이 파악한 자사 제품의 유해성 정보를 모두 공개하도록 의무화해야 한다.

셋째, 과학자문위원회의 독립성을 보장해야 한다. 이들이 정치적 압력이나 기업의 영향력으로부터 자유롭게 연구하고 의견을 낼 수 있어야 한다. 특히 환경영향평가나 산업보건 연구는 기업이나 정부로부터 독립된 기관에서 수행해야 한다.

넷째, 노출 최소화 원칙을 도입해야 한다. 완벽한 안전성이 입증되기 전까지는 최대한 노출을 줄이는 방향으로 유해 물질을 관리해야 한다. 환경오염이나 산업재해는 문제가 드러나면 이미 돌이킬 수 없는 피해가 발생한 뒤일 수 있기 때문이다.

마지막으로 시민사회의 참여를 보장해야 한다. 노동자가 참여하는 산업보건 연구, 환경 단체가 참여하는 환경영향평가처럼 이해 당사자들이 연구 과정에 참여할 수 있어야 한다. 그러면 위험성 정보를 시민에게 투명하게 공개해 '창피함으로 규제하는' 효과를 노릴 수 있다.

결국 과학 연구의 공공성을 강화하고 기업의 책임을 강화하는 것이 핵심이다. 지금처럼 과학 연구가 기업의 이해관계에 좌우되는 한 객관적이고 신뢰할 수 있는 연구를 기대하기는 어렵다. 과학 연구가 인류의 복지와 발전에 이바지하기 위해서는 그것을 왜곡하는 권력과 자본의 영향력으로부터 자유로워야 한다.

8

과학과 커먼즈

'과학의 로빈 후드' 혹은 '과학의 해적 여왕'

학술지의 이상한 장사

과학자들이 논문을 발표하는 주된 매체는 학술지다. 소립자물리학 연구자는 《물리 리뷰 D(Physical Review D)》,《고에너지 물리 저널(Journal of High Energy Physics)》,《핵물리학 B(Nuclear Physics B)》에, 나노화학 연구자는 《네이처 나노테크놀로지(Nature Nanotechnology)》,《에이씨에스 나노(ACS Nano)》,《나노 레터스(Nano Letters)》에, 분자생물학 연구자는 《셀(Cell)》,《네이처 분자생물학(Nature Molecular Biology)》,《몰레큘러 셀(Molecular Cell)》 등에 투고한다. 논문을 투고하고 게재가 확정되면 원고료를 받는 것이 아니라 오히려 투고료를 낸다. 보통, 싸면 100만 원대이고 권위 있는 학술지는 몇백만 원이다. 학술지 출판사는 이런 논문으로 이루어진 학술지를 '유료'로 출판한다.

이렇게 투고된 논문이 쌓이고 쌓여 거대한 데이터베이스가 되면 연구자들은 이곳에서 논문을 찾아봐야 한다. 일단 자기 연구 주제가 이미 다른 사람이 연구한 것인지 아닌지를 파악해야 한다. 또 비슷한 주제에 대한 다른 선행 연구를 살펴야 한다. 현재의 연구 흐름을 살피기 위해서도 필요하다. 옛날에는 발행된 학술지를 도서관에서 찾거나 정기 구독했지만 요사이는 인터넷에 들어가서 검색한다. 목록 보기까지는 무료고, 그 논문을 실제로 보려면 돈을 내야 한다. 한 편당 30~40달러, 곧 4만 원이 넘는다. 연구자들은 한 해에 최소한 관련 논문 수십 개를 내려받아야 하니 그 비용이 몇백만 원을 넘는다.

한국을 비롯한 선진국은 그나마 괜찮다. 대학이나 연구소 등에서 기관 구독을 하면 소속된 사람들은 따로 구매하지 않아도 이용할 수 있기 때문이다. 그러나 대학이나 연구소도 고민은 많다. 출판사나 학술지가 한두 개가 아니기 때문이다. 주요 출판사의 학술지를 모두 구독하려면 대형 대학 기준으로 연간 수억~수십억 원이 든다. 게다가 매년 구독료가 오른다. 그러다 보니 규모가 작은 대학이나 연구소는 일부 출판사의 학술지만 선택해 구독할 수밖에 없다. 또한 도서관 예산 상당 부분을 학술지 구독에 써야 하니 다른 도서를 구매하는 비용이 빡빡해진다.

개발도상국이나 저개발국은 돈이 부족해서 학술지를 구독하려면 연구 예산 전부를 써야 할 때도 있다. 결국 구독을 포기하고 만다. 따라서 개발도상국의 연구자와 석박사 과정에 있는 이들은 이런 논문에 대한 접근성이 떨어질 수밖에 없다.

학술지 출판사는 품질 관리 비용과 플랫폼 유지 비용, 상표 가치 등을 생각하면 현재의 비용이 그리 비싸지 않다고 주장한다. 그러나 플랫폼 유지 비용은 사실 얼마 들지 않는다. 인터넷으로 간단한 검색만 하는 것이므로 돈이 많이 들 리 없다. 그리고 상표 가치는 자기들이 쌓은 것이 아니라 투고한 과학자들과 오랜 시간이 만들어 준 것이다. 상표 가치 때문에 돈이 더 들지는 않는다. 결국 품질 관리 비용이 관건인데, 살펴보면 주요 내용은 전문가 심사 시스템 운영, 편집위원회 운영, 논문 검증 및 수정 과정 관리다. 그중 전문가 심사 시스템 운영이 핵심으로, 논문을 해당 분야 전문가들이 살펴보는 일을 가리킨다. 심사위원들은 단순히 게재 가능이나 불가능만 가리지 않는다. 논문을 읽고 어떤 부분이 문제인지, 어떻게 수정해야 하는지 등을 평가한다. 흔히 '동료 평가'라 부른다. 동료 평가는 무료로 진행되는 '완전한 봉사'다. 이런 평가를 통해 과학계가 발전하며, 심사위원 자신도 동료 평가를 통해 논문을 개선하기 때문이다.

논문을 쓴 사람이 학술지 출판사에 돈을 내고, 심사위원들은 무료로 봉사하고, 그렇게 만들어진 논문을 팔아 출판사는 돈을 버니 이런 땅 짚고 헤엄치는 장사가 어디 있을까? 그런데도 이런 구조가 유지되는 이유는 단 하나, 그 학술지에 과학자들이 논문을 내야 하기 때문이다. 대학이나 연구소의 연구 실적 평가는 저명한 학술지

위주로 이루어지고, 이것이 채용과 승진에서 주요 평가 기준이 된다. 연구비를 수주하는 데도 중요하다. 또 유명 학술지일수록 많은 연구자가 논문을 읽고 다른 논문에 인용할 가능성이 높다. 이렇게 인용되는 횟수는 연구자에게 중요한 경력이 된다.

많은 연구자가 비싼 게재료에도 불구하고 유명 학술지에 빈번히 논문을 발표할 수 있는 이유는 게재료를 대학이나 연구소가 대주기 때문이다. 이들에게 비싼 게재료는 그리 문제 되지 않는다. 하지만 이는 비싼 구독료와 함께 불평등을 조장한다. 논문 게재료를 받기 힘든 작은 연구소의 연구자나 독립 연구자는 게재료가 비교적 싼 무명 학술지를 이용할 수밖에 없다. 무명이니 구독하는 기관이 적고, 따라서 보는 사람이 적고, 인용 횟수가 줄어든다. 특히 개발도상국이나 저개발국 연구자들은 논문 한 편 게재하는 데 1년 소득을 전부 써야 할 정도라서 게재를 결심하기가 쉽지 않다. 그래서 유명 학술지에는 선진국의 대학교수나 큰 연구소의 연구원이 쓴 논문이 다수를 차지한다. 논문을 읽을 때도, 출판할 때도 비용이 큰 장벽이 되는 셈이다.

오픈 액세스

이런 사정에 화가 난 과학자들이 움직이기 시작했다. 여러 움직임 가운데 오픈 액세스(Open Access) 운동이 대표적이다. 이름처럼 누구나 논문을 자유롭게 검색하고 무료로 받아 볼 수 있도록 하자는 운동이다.

오픈 액세스는 크게 두 가지 형태가 있다. 하나는 발행 주체가 학술지 출판사인 형태다. 오픈 액세스 출판사인 플로스(PLOS)가 대표적으로, 플로스는 '과학 공공 도서관(Public Library of Science)'의 약자다. 처음에는 오픈 액세스 운동하는 연구자 단체로 출발했다. 그런데 기존 학술지 출판사들의 호응이 별로 없자 직접 출판사를 차리고 학술지를 발간했다. 생물학 분야에서 이 학술지들이 영향력을 키우자 점차 전통적인 학술지 출판사들에서 관심을 가졌고, 다양한 오픈 액세스 학술지들이 등장했다. 이들의 등장으로 이전보다 논문에 대한 접근성이 좋아졌다.

오픈 액세스 출판사들은 대부분 온라인으로 학술지를 발간한다. 인쇄 매체를 발간할 때보다 비용이 덜 들고, 인쇄 매체보다 접근성이 좋기 때문이다. 그렇다고 운영비가 안 드는 것은 아니라서 게재료만 받는다. 플로스는 1,800달러, 곧 200만 원이 조금 넘는다. 에티오피아 등 저소득국가에는 게재료를 전액 면제하고, 필리핀이나 인도네시아, 이집트 등의 중하위 소득 국가에는 50%를 할인한다. 그 밖에 소속 기관이나 연구비 지원 기관을 통해 게재료를 지원받기도 한다. 영리 출판사에서 운영하는 오픈 액세스 학술지의 게재료는 훨씬 더 비싸다. 네이처의 《네이처 커뮤니케이션즈(Nature Communications)》는 5,600달러, 곧 700만 원이 넘고, 《사이언티픽 리포츠(Scientific Reports)》는 2,200달러, 곧 300만 원 정도다. 다른 오픈 액세스 출판물의 게재료는 대략 이 둘 사이에 있다.

이들은 엄격한 심사 과정과 편집 수준을 유지하기 위해 비용이 커진다고 하지만, 사실 그 이유만은 아니다. 대표적인 학술지 출판사인 엘스비어, 스프링어네이처, 윌리의 매출 대비 순이익률은 30~40%에 달한다. 이 출판사들이 비싼 게재료를 유지할 수 있는 이유는 이들 학술지를 선호하는 연구자들이 있고, 그 연구자들이 게재료를 부담할 수 있기 때문이다. 자리를 잡은 연구자에게 논문을 어느 학술지에 발표하느냐는 굉장히 중요한 문제다.

전통적 학술지는 오픈 액세스 학술지보다 게재율이 매우 낮다. 즉 논문의 가치를 상당히 많이 따진다. 반면 오픈 액세스 학술지는 과학적 엄밀성만 있으면 논문 자체의 가치를 크게 신경 쓰지 않아 게재율이 높다. 그래서 제3세계 학자들이나 젊은 연구자들은 플로스 같은 오픈 액세스 학술지를 주로 이용하고, 선진국의 중견 연구자들은 전통적 학술지나 그 출판사의 오픈 액세스 학술지를 선호한다.

오픈 액세스 운동의 또 다른 형태는 '논문 사전 공개 사이트'다.[30] 전통적으로 논문은 학술지를 통해 발표되는데, 심사까지 걸리는 시간이 꽤 길다. 인터넷이 보편화된 요사이도 짧으면 2~3개월, 길면 1년이 넘게 걸린다. 논문 게재가 거부되면 다른 학술지에 다시 투고하는 과정을 거치면서 1년을 훌쩍 넘기기도 한다. 그 와중에 다른

---

[30] 논문 사전 공개 사이트라고는 하지만, 생물학 분야는 학술지 심사 과정에서 수정한 버전이나 실재 학술지에 게재되는 최종본을 올리는 사례가 상당히 많다.

연구팀이 비슷한 논문을 다른 학술지에서 먼저 발표하면 기껏 한 연구가 수포가 된다. 이런 문제와 오픈 액세스 운동에 대한 요구가 합쳐져 만들어진 것이 논문 사전 공개 사이트다.

원래의 목적은 학술지 게재 승인 전에 자신이 이런 연구를 했다는 사실을 공개하는 것이었다. 일단 관련 연구에 대해 자신이 먼저라는 증거를 남기는 의미가 있고, 자신의 연구 결과를 빠르게 알려 동료 과학자들의 의견을 구하는 의미가 있다.

대표적인 사이트는 아르시브(arXiv)다. 1990년대 물리학 논문 사전 공개 사이트로 시작한 아르시브를 2001년부터 코넬대학교에서 관리하고 있다. 물리학에서 시작했지만, 빠르게 성장하면서 요즘은 과학 전반을 아우르는 사전 공개 사이트로 자리 잡았다. 특히 특허 등과 관련이 별로 없는, 돈이 되지 않는 물리학이나 수학, 천문학 분야 논문을 많이 갖고 있다. 생물학 분야 사이트로는 바이오알시브(bioRxiv)가 대표적이다.

이런 논문 사전 공개 사이트가 가지는 한계는 명확하다. 논문을 쓴 사람이 직접 올리기 때문에 논문에 대한 신뢰도가 학술지보다 떨어질 수밖에 없다. 그리고 모든 연구자가 올리는 것이 아니다 보니 학문 분야별로 축적된 논문이 별로 없을 때가 많다. 특히 《네이처》나 《사이언스》 같은 최고 등급 학술지에 게재하려는 논문을 사전에 공개하는 사례는 많지 않다. 해당 학술지 출판사도 게재 전 사전 공개를 금지하곤 한다. 또 획기적인 연구나 특허 관련 연구, 경쟁이 치열한 분야 연구는 공개를 꺼린다. 특히 화학 분야가 그렇다. 물론 학술지 게재 뒤 등록할 수 있지만, 연구자는 이미 게재된 논문을 이중으로 등록할 필요성을 별로 느끼지 못한다.

오픈 액세스 학술지나 논문 사전 공개 사이트로는 논문에 대한 접근성 문제를 완전히 해결하지 못한다. 오픈 액세스 학술지가 나오기 이전의 논문이나 전통적인 학술지에 게재되는 '중요한' 논문을 보려면 여전히 비싼 구독료를 내야 한다. 이는 연구자들에게는 여전히 넘기 어려운 벽이다.

카자흐스탄의 연구자이자 프로그래머인 알렉산드라 엘바키얀(Alexandra Elbakyan)도 마찬가지 상황이었다. 엘바키얀은 법을 무시하기로 하고 2011년 사이-허브(Sci-Hub) 사이트를 만들었다. 사이-허브는 누군가 논문을 보기 위해 사이-허브에서 논문 제목이나 디지털객체식별번호(DOI)[31]를 입력하면, 그 논문이 있는 사이트에 접속해서 논문을 내려받아 PDF 형태로 제공한다. 이때 내려받은 논문을 자체 사이트에 저장했다가 다음에 누군가 같은 논문을 찾으면 즉시 제공한다.

그런데 학술지가 한두 종류가 아니고 학문 분야마다 다양해 계정 또한 수없이 많아야 한다. 위법은 여기서 시작되었다. 사이-허브는 각종 학술지 논문을 구독하는 사람들로부터 계정을 기부받았다. 쉽

---

31 디지털객체식별번호는 모든 디지털 콘텐츠에 부여되는 고유 식별 번호로, 일종의 주민등록번호라 할 수 있다. 학술지에 게재된 모든 논문은 DOI를 가진다.

게 말해 학술지 사이트에 로그인할 수 있는 아이디와 비밀번호를 받았다. 기존 학술지 시스템에 염증을 느낀 사람들이 너나 할 것 없이 계정을 줘서 사이-허브는 거의 전 학술지를 마음대로 이용할 수 있게 되었다. 금방 연구자들, 특히 구독 계정을 가지기 어려운 연구자들 사이에서 필수적인 곳이 되었다. 한국에서도 이공계 대학원생 가운데 많은 이들이 이용하고 있다. 전 세계에서 매월 수백만 명이 이용하는 이 사이트는 현재 8,800만 건 이상의 논문을 보유하고 있다.

학술지들은 당연히 화가 났다. 2015년 엘바키얀은 소송당하고 1,500만 달러를 배상하라는 판결을 받았다. 수배도 당했다. 그는 2024년 현재까지 10여 년 동안 러시아에 있으면서 사이-허브를 계속 운영하고 있다. 알다시피 미국과 러시아는 관계가 나빠서 범죄인 인도 조약이 없다. 사이-허브 사이트 운영을 위해 필요한 서버도 그래서 한 곳에 있지 않다. 여러 나라에 있는 서버로 사이트를 운영하고 운영비는 기부금으로 충당한다.

많은 사람이 엘바키얀을 '과학의 로빈 후드' 혹은 '과학의 해적 여왕'이라 부른다. 그는 "과학은 지적 재산이 아니라 공동 소유여야" 하며, "과학은 모든 사람에게 공개되어야 하고 유료화되어서는 안 된다"라고 믿는다. 엘바키얀은 학문적 지식에 대한 보편적 접근이 힘든 현실은 "모든 사람은 과학 발전과 그 혜택을 자유롭게 공유할 권리가 있다"라는 유엔 세계인권선언 제27조에 대한 위반이라고

주장했다.[32]

지식과 연구의 공유는 멈출 수 없는 시대적 요구다. 오픈 액세스 운동과 사이-허브 같은 도전적 시도는 기존 학술계의 폐쇄적이고 상업적인 관행에 대한 강력한 저항이다. 보편적 지식 접근권을 향한 이 운동들은 중단되지 않을 것이다.

데이터를 공개하라

오픈이란 단어가 들어가는 말은 오픈 액세스에 한정되지 않는다. 오픈 소스, 오픈 소프트웨어, 오픈 하드웨어, 오픈 콘텐츠, 오픈 교육, 오픈 지식, 오픈 사이언스, 오픈 데이터 등 과학과 지식의 전 영역에 걸쳐 있다. 그중에서 오픈 액세스 운동 다음으로 살펴볼 것은 오픈 데이터 운동이다.

데이터는 다른 정보들처럼 일종의 권력이다. '정보 비대칭'은 기회의 비대칭으로 이어지고, 이는 권력이 된다. 정부와 대기업은 데이터 개방을 이야기하지만, 공개되는 데이터는 일부에 지나지 않는다. 정부는 대중교통 운행 시간이나 날씨 정보 등 다양한 데이터를 공개한다. 이전보다 나아졌지만, 정책 결정 과정에서 사용된 데이터나 정보기관이 수집한 데이터는 공개하지 않는다. 또, 요사이 대부분의 버스나 지하철 이용자들은 카드를 이용한다. 이를 통해 누가 어디서 타서 갈아타고 내렸는지에 대한 데이터가 차곡차곡 쌓인

32 https://www.vox.com/2016/2/18/11047052/alexandra-elbakyan-interview

다. 이용 현황과 이동 상황이 실시간으로 모인다. 그런데 그 데이터를 제공한 우리가 이용 현황을 파악하기는 불가능에 가깝다.

페이스북이나 구글 같은 기업들은 더 노골적이다. 이들은 해당 사이트에서만이 아니라 사용자의 휴대전화와 컴퓨터를 통해서 이루어지는 모든 활동을 추적하고 데이터화한다. 사용자가 무엇을 검색하고 어떤 글에 '좋아요'를 누르는지, 게시물마다 얼마나 오래 머무는지 등 모든 것을 데이터로 만든다. 이렇게 수집한 데이터를 기업은 알고리즘을 만드는 데 사용하고, 더 정교한 행동 조작과 이윤의 도구로 활용한다.

쿠팡이나 배달의민족 등의 플랫폼도 마찬가지고 카드회사 또한 그렇다. 물건을 사고, 배달하고, 결제하는 모든 데이터가 쌓인다. 플랫폼 회사들이 제공하는 '약관'에 따르면, 이런 데이터를 기업들끼리 서로 유상으로 혹은 무상으로 제공할 수 있다. 그래서 쿠팡에서 검색한 물건이 페이스북의 타임라인에서 광고로 나오고, 휴대전화로 들은 음악과 비슷한 음악을 컴퓨터에서 추천하고, 유튜브에서 본 영상과 비슷한 영상을 다른 사이트에서 추천한다.

이런 정보의 비대칭은 개인과 정부, 기업 사이의 일만이 아니다. 예를 들어 증권시장의 전문 투자 기업에는 초단타 매매 알고리즘이 있다. 이들은 일반 투자자는 상상할 수 없는 속도로 시장 데이터를 분석하고 거래한다. 전 세계에서 발생하는 무수한 일들을 수집하고 순식간에 분석하면서 한발 앞선 투자로 손해를 줄이고 이익을 늘린다.

이런 맥락에서 오픈 데이터 운동은 데이터 공개를 넘어 데이터를 통한 권력관계를 재구성하는 정치적 의미를 지닌다. 시민은 자신의 데이터에 대한 통제권을 되찾고, 권력기관이나 기업이 보유한 데이터에 대한 민주적 통제 장치를 확보하는 것이 목표다. 이는 디지털 시대, 민주주의의 재구성에 대한 문제이기도 하다.

물론 오픈 데이터 운동이 처음부터 이런 지향을 가졌던 것은 아니다. 시작은 1980년대 자유소프트웨어 운동이었다. 이전의 컴퓨터는 여러 개의 단말기를 연결해 동시에 여러 명이 쓰는 방식이었다. 기업, 연구소, 대학 등에서 사용했다. 그러다가 개인용 컴퓨터(Personal Computer, PC)가 1980년대에 보급되기 시작했다. 이에 맞춰 PC에서 사용할 수 있는 다양한 소프트웨어가 나왔다. 운영체제인 도스(Disk Operation System, DOS)나 워드프로세서, 통신용 프로그램 등이 대표적이었다. 당시 마이크로소프트에서 나온 DOS는 IBM 호환 컴퓨터(애플 컴퓨터 외의 거의 전체) 대부분에 사용되었다. 이런 상황에서 누구나 자유롭게 쓰고 자기 마음대로 수정할 수 있는 자유소프트웨어 운동이 일어났다. 리눅스가 대표적이었다. 자유소프트웨어 운동의 철학은 '공유'와 '자유'다. 소프트웨어를 일종의 공유재라 여겼다.

1990년대에 인터넷이 광범위하게 퍼지고 컴퓨터가 연결되었다. 인터넷을 통해 쉽게 다양한 정보를 접하게 되면서 정보접근권을 요구하는 운동이 주목받기 시작했다. 이전에도 정보에 대한 접근 요구는 다양하게 있었다. 하지만 인터넷으로 시민들이 연결되면서 정보접근권에 대한 요구가 커졌다.

환경 운동 진영이 앞장섰다. 20세기 내내 기업들은 자신들의 공장에서 배출되는 독성 물질에 대한 정보 공개를 거부했다. 정부도 기업 편이었다. 공장 노동자들이, 공장 주변의 주민들이 독성 물질에 중독되어 만성질환에 시달리거나 죽어도 원인을 알기 힘들었다. 힘겹게 싸워서 이겨도 그 공장에 해당할 뿐, 다른 공장에서는 싸움을 처음부터 다시 시작해야 했다. 이런 상황이 지긋지긋했던 환경 단체들은 1992년 리우 지구정상회의에서 환경 데이터에 대한 시민의 알 권리를 강력히 주장했다. 그 결과 정부와 기업의 독성 물질 배출 데이터에 대한 의무적 공개가 이루어졌다.

사람들은 정보접근권을 환경에 국한하지 않았다. 정부의 다양한 데이터에 대한 공개를 요구하는 운동이 21세기 들어 거세게 일어났다. 영국에서 2004년 프리아워데이터(Free Our Data) 캠페인이 시작되어, 정부가 시민의 세금으로 만든 데이터를 다시 시민에게 판매하는 관행을 비판하고 자유 공개를 요구했다. 이 캠페인으로 2009년 영국 정부의 데이터를 공개하는 사이트(data.gov.uk)가 출범했다. 2008년 금융 위기 이후에는 재정 투명성을 요구하는 운동이 일어났다. 영국의 오픈놀리지재단(Open Knowledge Foundation), 미국의 선라이트재단(Sunlight Foundation) 등이 정부 지출 데이터 공개를 요구했고, 오바마 행정부 때 오픈거번먼트이니셔티브가 만들어졌다. 2011년에는 오픈데이터의날이 제정되었고, 전 세계적으로 시빅 해커(civic hacker)[33] 커뮤니티가 만들어졌다. 인도에서는 정부 부패를 감시하는 플랫폼(I Paid a Bribe)이 만들어졌고, 브라질에서는 인공지능으로 정치인들의 지출을 분석하는 오페라성세레나타(Operação Serenata)[34]가 등장했다. 한국에서는 2008년 정보 공개 전문 단체인 투명사회를위한정보공개센터가 설립되었다. 투명사회를위한정보공개센터는 시민의 알 권리를 위협하는 제도와 관행을 감시하고 정보를 은폐하는 권력에 맞서 싸우는 것을 가장 중요한 역할로 내세웠다. 그리고 국회의원 재산 명세 및 지방의회 감시 등을 위한 데이터를 공유하고 필요한 데이터를 시민이 직접 만들어 활용할 수 있도록 하는 활동을 전개했다.

데이터 보호와 알고리즘

2013년 미국국가안보국의 계약직 직원이었던 에드워드 스노든(Edward Joseph Snowden)의 폭로는 오픈 데이터 운동의 전환점이 되었다. 당시 미국국가안보국은 프리즘(PRISM)이란 프로그램을 비밀리에 운영하고 있었다. 프리즘 프로그램의 첫 번째 과제는 구

---

33 시빅 해커란 공공의 이익을 위해 데이터와 기술을 활용하는 시민 활동가를 의미한다. 정부나 공공기관의 데이터를 분석하고 애플리케이션을 개발해 사회문제 해결에 기여하는 것이 주된 활동이다.

34 '세레나타'는 저녁이나 밤에 연인의 창밖에서 부르는 노래, 곧 세레나데를 뜻한다. '오페라성'은 포르투갈어로 작전이란 뜻이다. 즉 밤에 누군가의 창밖에서 노래를 부르듯이, 시민들이 정치인의 행동을 지켜본다는 뜻이다.

글, 페이스북, 마이크로소프트, 애플 등 주요 정보통신 기업의 서버에 접근해서 이메일, 채팅 기록, 문서, 사진 등 거의 모든 개인 데이터를 실시간으로 수집하는 것이었다. 기업들은 이를 알면서도 협조하고 때로는 적극적으로 참여했다. 두 번째 과제는 엑스키스코어 (XKeyscore) 시스템을 이용해서 전 세계 인터넷을 실시간으로 감시하고 분석하는 것이었다. 이는 이메일 내용, 브라우저 히스토리, X(구 트위터) 등의 개인 SNS 활동 등을 키워드 검색을 통해 조회하는 것이었다. 미국국가안보국 직원들은 법원의 영장 없이 시스템에 접근할 수 있었고, 당시 미국 내 모든 통화 기록을 수집할 수 있었다. 테러 수사라는 명목으로 이루어졌지만, 일반 시민도 감시와 분석의 대상이었다. 미국국가안보국은 파이브 아이즈(Five Eyes)[35] 동맹국들과 이 감시 정보를 공유했다. 소설이나 영화에서나 가능할 것으로 여긴 일들이 실제로 이루어지고 있었다.

이 폭로로 오픈 데이터 운동은 새로운 질문에 맞닥뜨렸다. 데이터 개방이 감시 사회를 오히려 촉진하는 것은 아닐까? 개인 정보 보호와 데이터 공개는 어떻게 양립할 수 있을까? 정부와 기업이 수집하는 데이터에 대한 시민의 통제권을 어떻게 확보할 수 있을까? 이전까지의 오픈 데이터 운동이 '더 많은 데이터 공개' 요구에 집중했다

---

35 파이브 아이즈는 미국, 영국, 캐나다, 오스트레일리아, 뉴질랜드 5개국의 정보 동맹을 가리킨다. 1946년 미국과영국의정보협정(UKUSA Agreement)을 시작으로 결성되었으며, 서로 신호정보 등 첩보를 공유한다. 나토(NATO) 회원국들과도 정보를 공유하지만, 파이브 아이즈 간에는 가장 높은 수준의 정보 공유가 이뤄진다.

면, 이제는 '어떤 데이터를 누구를 위해 어떻게 공개할 것인가?'라는 문제를 고민하기 시작했다. 그 결과 오픈 데이터 운동의 성격이 바뀌었다. 이제 오픈 데이터 운동은 데이터 최소화의 원칙, 동의와 통제권 중시, 차등적 접근, 알고리즘 투명성을 주요하게 강조한다.

첫째, '데이터 최소화'에 대해 살펴보자. 데이터 최소화가 필요한 이유는 데이터를 많이 모을수록 해킹이나 유출 시 피해가 커지기 때문이다. 사람들은 흔히 "내 주민등록번호는 공공재"라고 농담 삼아 말한다. 주민등록번호뿐 아니라 각종 개인 정보가 지나치게 많이 저장되어 있으면 위험한 것은 사실이다. 가령 쿠팡에서 내가 산 물건 정보, 페이스북에서 내가 친구 관계를 맺는 이들과 나눈 대화와 내 포스팅 정보, 구글에서 내가 검색한 내용 등을 모두 모아 정리하면 아마 내 아내보다 나를 더 잘 알게 될 것이다. 또 데이터가 모이면 목적 외로 활용될 위험이 있다. 넷플릭스의 시청 기록은 콘텐츠 추천을 위해 수집한다고 하지만, 이 데이터가 다른 기업에 넘어가면 다른 용도로 사용될 수 있다. 그리고 이렇게 수집한 데이터가 특정 기업과 기관에 집중되면 정보의 비대칭이 심해진다.

그래서 '데이터 최소화'는 수집에 꼭 필요한 정보 외의 여타 정보를 수집하지 않고, 이 정보를 일정 기간마다 자동 삭제할 것을 요구한다. 가령 구글맵은 사용자의 위치 정보를 수집한다. 처음에는 사용자의 모든 위치 정보를 무기한 저장했지만, 지금은 사용자가 설정한 기간이 지나면 자동 삭제하는 것으로 바뀌었다. 그리고 네덜란드의 암스테르담시는 쓰레기 수거 최적화를 위해 센서를 설치하지만, 쓰레기의 양만 측정하고 개인 식별 가능 정보는 수집하지 않는다.

둘째, '동의와 통제권' 중시에 대해 살펴보자. 이것은 사실 너무 당연한 일이다. 내 정보가 어떻게 사용될지를 내가 결정하는 것은 기본적 인권이다. 따라서 동의와 통제권 중시는 데이터를 모으는 쪽, 그러니까 주로 정부 기관이나 기업과 제공하는 쪽의 불평등한 관계를 바로잡는 역할을 한다. 이런 부분에서 나름 앞서가는 유럽에는 이와 관련한 사례가 많다. 프랑스의 의료 데이터 플랫폼은 환자가 자신의 데이터 사용 명세를 확인하고 동의를 철회할 수 있는 권한을 부여한다. 핀란드는 개인이 자신의 건강, 금융, 통신 데이터를 '마이데이터'라는 곳에서 관리하고 제3자에게 제공하는 행위를 통제하는 시스템을 구축하고 있다.

셋째, '차등적 접근'이 필요한 이유는 프라이버시와 공익의 균형을 잡기 위해서다. 모든 데이터를 완전히 공개하면 프라이버시가 침해되며, 완전히 막으면 공익적 활용이 불가능해진다. 그래서 같은 데이터라도 사용 목적과 맥락에 따라 다른 수준의 접근이 필요하다. 이는 의료나 범죄 통계 등 민감한 개인 정보를 다룰 때 주요하게 나타난다. 특히 의료 데이터나 범죄 데이터는 연구 목적과 상업적 목적에 따라 접근 권한이 달라야 한다.

또 민감한 데이터일수록 접근을 더욱 엄격하게 통제할 필요가 있다. 가령 뉴욕시는 지역별 범죄 통계는 완전히 공개하고, 구체적 사건 정보는 개인 정보를 제거하고 공개하며, 진행 중인 수사 정보는 비공개로 처리한다. 영국은 전국 병의원 위치나 대기 시간 등 일반 정보는 완전히 공개하고, 비식별화된 환자 데이터는 승인받은 연구자에게만 제공하며, 개인 식별이 가능한 민감한 정보는 비공개로 처리한다.

넷째, '알고리즘 투명성' 문제를 살펴보자. 이는 지난 몇 년 사이에 주요하게 떠오른 문제다. 알고리즘 투명성이란 알고리즘이 특정 집단을 차별하지 않는지 검증할 수 있어야 한다는 것이다. 아마존의 채용 알고리즘이 여성을 차별한 사례가 대표적이다. 한국에서는 택시 앱이나 주문 배달 앱에서 알고리즘 투명성 문제가 쟁점이 되고 있다. 가령 택시 기사에게 어떤 기준으로 배차가 되는지, 플랫폼 수수료나 판촉 참여 여부가 배차에 어떻게 영향을 끼치는지가 불투명하다. 또한 배달 기사에게 어떤 기준으로 주문이 배정되는지, 배달 수수료 결정 기준은 무엇인지, 특정 배달원이 불이익을 받을 때 그 이유가 무엇인지도 알기 힘들다. 이에 대한 항의에 대해 플랫폼 회사는 '알고리즘이 자동으로 결정한 것'이라며 책임을 회피하곤 한다.

알고리즘 투명성의 핵심 중 하나는 피해가 발생했을 때 누구에게 책임이 있는지를 밝힐 수 있어야 한다는 것이다. 즉 내가 그렇게 선택하지 않고 프로그램이 자동으로 선택했다고 발뺌하는 플랫폼들이 많은데, 그 프로그램을 짜고 운영한 사람, 해당 문제를 통해 가장 큰 이익을 얻는 이를 밝히고 책임 소재를 가리는 것이다. 그리고 정부 기관 등 공공 부문의 알고리즘은 민주적 통제가 가능해야 한다. 즉 범죄 예측 알고리즘이나 복지 수급 자격 심사 알고리즘 등을 시민의 감시와 통제 아래 두어야 한다. 네덜란드에서는 정부의 복지 혜택 부정 수급 탐지 알고리즘이 불투명하다며 법원이 사용을 중단시켰다. 뉴욕시는 시 정부가 사용하는 자동화된 의사 결정 시스템의 존재와 목적을 공개하도록 의무화했고, 폴란드는 은행의 대출 거절 알고리즘에 대해 고객이 설명을 요구할 권리를 법원이 인정했다.

이 네 가지 원칙은 서로 연결되어 있다. 데이터를 최소화하면 통제권을 행사하기 쉽고, 차등적 접근은 투명성과 함께 가야 실효성이 있다. 알고리즘이 투명해야 데이터 최소화 등의 다른 원칙 준수 여부를 확인할 수 있다. 결국 이 원칙들은 디지털 시대의 민주주의를 지키는 최소한의 안전장치라 할 수 있다.

유럽연합은 이 원칙들을 가장 앞서서 실천하고 있다. 유럽연합의 집행위원회, 유럽의회의 시민자유·사법·내무위원회와 이사회, 그리고 여러 시민단체, 산업계 등이 모여 4년간 논의한 끝에 일반데이터보호규칙을 제정하고 2018년부터 시행했다.

하지만 문제는 해결되지 않았다. 원인에 대한 다양한 지적이 있지만, 핵심은 권력 문제다. 정부와 기업은 '기술이 너무 복잡해서', '국제 규제가 어려워서', '기업의 비밀이라서', '사회적 합의가 되지 않아서' 등의 핑계를 대지만, 실제로는 기득권을 지키고 싶은 것이다. 기술이 복잡하다면 더더욱 시민사회가 검증할 수 있도록 코드를 공개하고 독립적인 감시를 받아야 한다. 우습게 보지 않는다면 말이다. 아무리 복잡해도 다 검증 가능하다. 또 구글이나 페이스북, 넷플릭스 등 외국 기업에 대한 국제적 문제가 있다면 당연히 시민의 데이터 주권을 최우선으로 하는 강력한 규제가 필요하다.

특히 동의 문제는 심각하다. '동의'라는 말로 모든 책임을 개인에게 떠넘기고 있다. 보험 회사의 깨알보다 작은 글씨의 약관처럼 보기 힘든 수십 쪽의 약관을 다 읽도록 한다. 핵심적인 부분만 따로 떼어내 확인시킬 수 있는데 말이다. 또 독점적인 플랫폼이라 그 서비스를 이용하지 않으면 살아가기 어려운 상황에서, 무조건 개인 정보 수집에 동의하지 않으면 이용할 수 없다고 강요한다. 요사이 등장한 인공지능은 더 그렇다. 우리의 데이터로 인공지능을 학습시키지만, 우리는 데이터가 어떻게 사용되는지 알 수 없고 통제할 수 없다.

이 문제들을 해결하려면 시민사회의 강력한 저항과 연대가 필요하다. 데이터 최소화, 동의와 통제, 차등적 접근, 알고리즘 투명성이라는 원칙만큼이나 이를 실현할 수 있는 시민의 힘은 중요하다. 유럽의 일반데이터보호규칙도 시민사회의 끊임없는 압박이 있었기에 가능했다.

오픈 사이언스 운동

앞서 이야기한 것처럼 과학은 본래 개방과 공유를 핵심 가치로 삼는다. 자신의 연구 과정과 결과를 동료 과학자들과 공유하고 서로 검증하면서 발전한다. 그런데 현대 사회에서 과학이 점점 더 폐쇄적으로 변하는 것은 아이러니다. 논문은 돈을 내야 볼 수 있고, 데이터는 기업의 소유물이 되어 버렸다. 실험실은 담장을 높이 쌓고 연구 노트를 자물쇠로 잠근다. 이런 상황을 타개하려는 움직임이 오픈 사이언스 운동이다. 논문과 데이터뿐 아니라 연구 과정 전체를 공개하자는 운동이다. 연구 계획을 세울 때부터 실험 과정, 데이터 분석, 결과 해석까지 모두를 투명하게 공개하자는 것이다.

가장 적극적인 분야는 천체물리학이다. 천체물리학자들은 대형 망원경으로 관측한 우주의 모습은 누구의 소유도 아니라는 인식을 강하게 갖고 있다. 그래서 허블우주망원경이나 제임스웹우주망원경의 관측 데이터는 일정 기간이 지나면 모두 공개된다. 연구자라면 누구나 이 데이터를 내려받아 분석할 수 있다. 유럽남방천문대나 미국국립전파천문대 같은 지상 관측소의 데이터도 마찬가지다.

인간게놈프로젝트도 맥락이 비슷하다. 1990년대 초반, 인간의 유전체 전체를 해독하는 이 프로젝트는 처음부터 모든 데이터를 공개하기로 했다. 당시 셀레라지노믹스라는 기업이 인간 게놈 정보를 독점하려 했지만, 공공 연구 기관들이 힘을 모아 이를 저지했다. 현재 젠뱅크라는 데이터베이스에 등록된 새로운 유전체 정보를 누구나 이용할 수 있다.

코로나19 대유행 때 이런 움직임이 더욱 두드러졌다. 바이러스의 유전체 정보가 실시간으로 공유되었고, 백신과 치료제 개발 과정이 상당 부분 공개되었다. 물론 화이자나 모더나 같은 제약 회사들은 여전히 특허권을 주장했지만, 적어도 과학계 내부에서는 전례 없는 수준의 협력이 이뤄졌다. 옥스퍼드대학교는 아스트라제네카와 협력해 백신을 개발하면서 특허 없이 원가로 공급한다고 선언했다.

이런 변화는 국제적으로 제도화되고 있다. 특히 2021년 11월 유네스코가 채택한 오픈사이언스권고안(Recommendation on Open Science)은 중요한 전환점이었다. 이 권고안은 갑자기 나온 것이 아니다. 2015년부터 시작된 유엔의 '지속 가능 발전 목표'가 중요한 배경이었다. 기후 위기, 감염병, 생물 다양성 감소 같은 전 지구적 문제를 해결하려면 과학 지식이 특정 국가나 기관의 소유가 아니라, 인류 공동의 자산이 되어야 한다는 인식이 확산한 것이다. 이런 배경에서 만들어진 유네스코의 오픈사이언스권고안을 193개 회원국은 만장일치로 채택했다. 권고안은 선언적 의미를 넘어 구체적인 행동 지침을 담고 있다. 예를 들어 모든 공공 연구의 결과물은 출판 즉시 공개되어야 하고, 연구 데이터는 'FAIR 원칙(찾기 쉽고, 접근 가능하며, 상호 운용 가능하고, 재사용 가능한)'[36]에 따라 관리되어야 한다.

주목할 것은 권고안이 지식 접근성의 불평등 문제를 정면으로 다

---

[36] Findable, Accessible, Interoperable, Reusable의 첫 글자를 따서 만들었다.

루고 있다는 점이다. 개발도상국 연구자들은 비싼 논문 구독료를 감당하기 어렵고, 영어가 아닌 언어로 된 연구는 제대로 인정받지 못하는 것이 현실이다. 권고안은 이런 언어적·경제적 장벽을 낮추고 다양한 언어로 된 과학 지식을 존중할 것을 강조한다. 또 권고안은 여성과 소수자의 연구 참여를 보장하고 토착 지식과 전통적 지혜를 과학 지식의 일부로 인정하자는 내용을 담고 있다.

이 권고안이 만든 변화는 적지 않았다. 유럽연합은 2021년부터 모든 공공 연구의 즉시 공개를 의무화했고, 아프리카연합은 54개국이 참여하는 오픈사이언스플랫폼(African Open Science Platform)을 구축했다. 라틴아메리카에서는 싸이이엘오(SciELO)라는 무료 학술지 플랫폼이 20년 넘게 운영되면서 지역 연구자들의 연구 역량을 높이고 있다.

그러나 이런 움직임이 순탄하게 이루어지거나 대세인 것은 아니다. 특히 응용과학 분야에서 기업의 저항이 거세다. 인공지능 연구가 대표적이다. 구글이나 메타 같은 기업들은 자신들의 인공지능 모델이 어떤 데이터로 학습했는지, 어떤 알고리즘을 사용했는지 공개하지 않는다. '영업 비밀'이라는 것이다. 기후변화 연구도 비슷한 상황이다. 석유 회사들은 자신들이 보유한 지질 데이터나 탄소 배출량 데이터를 공개하지 않는다. 이런 데이터는 기후변화 연구에 매우 중요한데도 말이다.

대학이나 연구소도 적극적이지 않다. 논문 한 편이 교수 임용이나 승진을 좌우하는 현실에서 자기 아이디어나 데이터를 먼저 공개하는 것은 모험이다. 다른 연구자가 이를 가져다 먼저 논문을 쓸 수 있기 때문이다. 연구비 지원 기관들도 이중적이다. 한편으로는 '세금으로 수행한 연구니까 결과를 공개하라'라고 요구하면서도 평가할 때는 특허를 몇 개 냈느냐, 기술 이전으로 얼마를 벌었느냐를 따진다. 미국국립과학재단은 인공지능 연구 데이터 공개를 의무화하겠다고 했다가 산업계의 반발로 후퇴했다.

그래서 요사이는 조금 다른 방식을 시도하고 있다. 예를 들어 '등록된 보고서(Registered Report)'라는 새로운 논문 형식이 있다. 이런 식이다. 연구를 시작하기 전에 가설과 방법론을 먼저 학술지에 제출해 심사받는다. 심사를 통과하면, 결과가 어떻게 나오든 논문을 실어 주겠다고 약속한다. 《네이처》나 《엘제비어》 등 유명 저널에서 이 방식을 도입했다. 이러면 연구자들이 부정적인 결과를 당당하게 발표할 수 있고 데이터를 조작할 유혹을 줄일 수 있다.

'오픈 랩 노트북(Open Lab Notebook)' 사례도 있다. 말 그대로 연구 노트를 온라인에 실시간으로 공개하는 것이다. 예를 들어 몬트리올신경과학연구소는 연구원들의 실험 과정을 낱낱이 공개한다. 실패한 실험까지도 공개한다. 다른 연구자들은 이를 보고 조언하는데, 이를 통해 불필요한 실험의 중복을 줄일 수 있다.

이런 다양한 시도들이 모여 새로운 과학 문화를 만들고 있다. 특히 젊은 연구자들 사이에서 변화가 두드러진다. 이들은 SNS나 블로

그를 통해 연구 과정을 공유하고 유튜브로 실험 방법을 설명한다. 깃허브(GitHub) 같은 플랫폼에서는 수천 명의 연구자가 자발적으로 코드를 공유한다.

이런 변화들이 의미 없는 것은 아니지만, 더욱 근본적인 차원에서 오픈 사이언스 운동의 한계와 과제를 정확히 짚어야 한다. 첫째, 현재의 오픈 사이언스 운동은 여전히 '접근성'에 초점을 맞추고 있을 뿐, 과학 지식 생산의 권력 구조를 바꾸는 데까지 나아가지 못하고 있다. 논문이나 데이터를 공개하는 것만으로는 부족하다. 누가 어떤 연구를 할 것인지 결정하는 과정부터 민주화될 필요가 있다.

둘째, 과학 지식의 상업화에 대한 더욱 근본적인 도전이 필요하다. 현재의 오픈 사이언스 운동은 기업들의 이윤 추구와 타협하는 경향이 있다. 예를 들어 기초연구 데이터는 공개하면서 치료제 개발 과정은 철저히 비밀에 부치는 제약 회사들의 행태를 용인한다. 이는 결국 공적 자금으로 수행된 연구가 사적 이윤을 위해 활용되는 구조를 고착할 뿐이다.

셋째, 과학 지식의 탈식민지화를 요구하는 목소리다. 현재의 오픈 사이언스 운동은 여전히 서구 중심적이며, 개발도상국과 저개발국의 연구자들은 서구의 연구 결과를 소비하는 위치에 머물러 있다. 개발도상국과 저개발국의 연구자들이 자신의 관점과 필요에 맞는 연구를 주도할 수 있어야 하고, 이를 위한 시스템과 지원이 필요하다. 예를 들어 아프리카의 전통 의학 지식이나 남미 원주민들의 생태 지식은 아직도 현대 과학의 틀 안에서 제대로 평가받지 못하고 있다.

넷째, 시민과학의 진정한 실현이 필요하다. 현재의 오픈 사이언스 운동은 전문가들 사이의 개방에 머물러 있는데, 과학은 전문가만의 것이 아니다. 일반 시민들이 연구 주제 설정부터 결과 해석까지 전 과정에 참여할 수 있어야 한다.

결국 진정한 의미의 오픈 사이언스 운동은 기술적·제도적 변화를 넘어 과학 활동 전반의 민주화를 지향해야 한다. 이는 현재의 신자유주의적 과학 체제에 대한 근본적인 도전이며, 더욱 공정하고 지속 가능한 사회를 위한 필수 과제라 할 수 있다.

시민과학

시민과학(Citizen Science)도 이런 흐름을 타고 확산하고 있다. 시민과학이란 무엇일까? 좁은 의미로는 전문 과학자들이 설계한 연구에 일반 시민들이 데이터를 모아서 제공하는 활동을 말한다. 이보다 넓은 의미로는 시민들이 문제 설정부터 데이터 분석, 결과 해석까지 연구의 전 과정에 참여하는 활동을 뜻한다. 더 나아가 시민들이 자신들의 필요에 따라 자발적으로 시작하고 주도하는 연구까지를 포함해야 한다는 주장이 있다. 환경 운동 과정에서 주민들이 직접 오염도를 측정하고 분석하는 활동, 희귀병 환자 가족들이 스스로 치료법을 연구하는 활동이 여기에 속한다.

과학의 역사를 보면 직업으로서의 과학자는 19세기 들어 본격적으로 등장했다. 그 이전의 과학 연구는 대부분 귀족, 성직자, 의사, 약사 등 다양한 배경을 가진 이들의 개인적 호기심으로 이루어졌다. 다윈은 의사가 되려다 박물학자의 길을 택하고 다시 진화론을 연구했으나, 그것으로 돈을 번 적은 없다. 멘델은 수도사로 지내며 완두콩을 연구했다. 뉴턴은 케임브리지대학교에서 수학 교수로 일했고, 그 뒤 조폐국 책임자가 되었다. 당시에는 연구를 직업으로 삼는다는 개념 자체가 없었다.

19세기 후반부터 과학이 점차 전문화·제도화되면서 상황이 바뀌기 시작했다. 대학과 연구소가 늘어났고, 실험 장비는 더욱 정교해졌으며, 전문적인 훈련을 받은 과학자들이 등장했다. 20세기 들어 과학기술이 국가 경쟁력의 핵심으로 여겨지면서 이런 경향은 더욱 강화되었다. 특히 2차 세계대전 뒤 거대과학이 등장하면서 일반 시민들은 과학에서 더욱 멀어졌다. 원자력발전, 우주 개발, 입자 가속기 같은 프로젝트들은 엄청난 예산과 전문성이 필요했다.

21세기 들어 시민과학이 주목받기 시작했다. 여기에는 몇 가지 배경이 있다. 첫째, 기술이 민주화되었다. 스마트폰, 저렴한 가격의 센서, 오픈 소스 장비 같은 도구들이 보편화되면서 시민도 의미 있는 데이터를 모을 수 있게 되었다.

둘째, 환경, 기후변화, 공중보건 같은 복잡한 문제들이 전문가들의 힘만으로는 해결하기 어렵다는 인식이 확산했다. 예를 들어 기후변화의 영향을 제대로 파악하려면 전 세계 각지의 생태계 변화를 관찰해야 하는데 소수의 전문가로는 불가능하다. 또한 지역마다 상황과 맥락이 달라서 현지 주민들의 경험과 지식이 절대적으로 필요하다. 코로나19 대유행 때 비슷한 상황이 연출되었다. 바이러스의 전파 양상을 파악하고 대응 정책을 수립하는 데 시민의 자발적인 참여와 데이터 제공이 큰 역할을 했다. 희귀병 연구에서도 환자와 그 가족들의 경험과 관찰이 새로운 통찰을 제공하는 사례가 많다.

셋째, 과학기술이 우리 삶에 끼치는 영향이 커지면서 시민이 의사 결정에 참여해야 한다는 요구가 커졌다. 인공지능의 도입, 유전자 치료의 허용 범위, 기후변화 대응을 위한 에너지 정책 같은 문제들은 더 이상 전문가만의 결정으로 해결할 수 없다. 이런 결정은 모든 시민의 삶에 직접적인 영향을 끼치기 때문이다. 게다가 이런 문제들은 단순히 과학적 사실의 문제가 아니라 가치 판단의 문제이기도 하다. 예를 들어 원자력발전소의 안전성은 과학적으로 측정할 수 있지만, 그 위험을 감수할 것인지는 사회적 합의가 필요하다. 이런 맥락에서 시민이 과학기술 정책의 수립과 평가에 참여하는 것은 민주주의의 필수 요소다.

시민과학의 대표적인 성공 사례로 주니버스(Zooniverse)를 들 수 있다. 옥스퍼드대학교가 시작한 이 플랫폼은 250만 명의 자원봉사자와 수백 명의 연구자가 참여하는, 세계에서 가장 큰 시민과학 연구 플랫폼이다. 시민들이 은하 분류부터 동물 개체 수 조사, 역사 문서 해독까지 다양한 연구에 참여한다. 특히 갤럭시주프로젝트(Galaxy Zoo Project)를 통해 시민이 발견한 특이 은하들은 전문 천문학자들의 후속 연구로 이어졌다.

더 적극적인 참여가 있다. 폴드잇(Foldit)은 단백질 구조를 푸는 퍼즐 게임으로, 과학자들이 수십 년간 밝혀내지 못한 에이즈 바이러스가 증식하는 데 필수적인 단백질을 단 3주 만에 찾아냈다. 또 폴딩앳홈(Folding@Home)이라는 프로젝트는 단백질 접힘, 의약품 설계 등 다양한 목적을 위해 분자동역학을 모의 실험하는 비영리 분산 컴퓨팅[37] 프로젝트로, 각종 유전병과 암, 항생제 내성 등 분자생물학 및 분자역학에 관한 학술적 연구에 활용된다. 가입자는 프로그램을 내려받는 것만으로도 도움을 줄 수 있다. 설정만 하면 그 뒤의 일은 컴퓨터가 자동으로 처리한다.

이런 다양한 시도들이 의미 있는 변화를 만들고 있지만 한계 또한 분명하다. 근본적으로 과학 지식 생산 체계 자체가 신자유주의적 경쟁 논리에 깊숙이 포섭되어 있기 때문이다. 지식이 상품이 되면서 공유와 협력이라는 과학의 기본 가치는 경쟁과 독점이라는 시장의 원리로 대체되어 버린다. 당장의 이익을 만들지 못하는 연구는 설 자리를 잃고 기초과학은 점점 더 뒷전으로 밀린다. 장기적 안목에서 사회에 필요한 연구보다는 단기간에 성과를 낼 수 있는 연

---

37 분산 컴퓨팅이란 한 대의 컴퓨터로 소화하기 힘든 대규모 연산을 여러 대의 컴퓨터를 이용해 처리하는 것을 말한다.

구에만 자원이 집중된다.

특히 우려되는 것은 오픈 사이언스 운동이나 시민과학마저 새로운 형태의 불평등을 만들어 낼 수 있다는 점이다. 논문 출판 비용을 저자가 부담하는 '골드 오픈 액세스(Gold Open Access)' 모델은 재정이 부족한 연구자들을 더욱 어려운 처지로 몰아넣을 수 있다. 그리고 데이터를 모으고 관리하는 인프라를 구축하는 데 상당한 비용이 드는데, 이는 자원이 부족한 개발도상국 연구 기관들에 또 다른 부담이다. '오픈'이라는 이름 아래 기존의 위계질서가 더욱 공고해질 우려가 있다.

연구 평가 시스템의 문제는 여전하다. 많은 대학과 연구 기관이 여전히 논문 수와 인용 지수를 기준으로 연구자를 평가한다. 따라서 오픈 사이언스에 투자하는 시간과 노력은 제대로 인정받지 못한다. 데이터를 공유하고, 다른 연구자들의 검증을 돕고, 시민들과 소통하는 활동은 '업적'으로 여겨지지 않는다. 이런 상황에서 젊은 연구자들에게 개방과 공유를 강조하는 것은 어떤 면에서 모순된 요구일 수 있다.

시민과학도 비슷한 딜레마에 직면해 있다. 시민들의 참여가 늘어나는 것은 반가운 일이지만, 많은 프로젝트가 시민들을 데이터 수집가로만 활용하는 데 그치고 있다. 연구의 설계나 해석 과정에서 시민들의 목소리는 여전히 배제되고 있으며, 연구 주제가 시민 주도로 설정되는 경우는 드물다. 시민과학 프로젝트들이 주로 선진국의 중산층 시민들을 중심으로 이뤄지고 있다는 점도 한계로 지적된다. 과학 지식이 절실히 필요한 소외 계층이나 지역의 참여는 제한적인 실정이다.

이제 오픈 사이언스 운동과 시민과학은 기술적 해결책이나 윤리적 당위를 넘어서야 한다. 논문을 무료로 공개하고 데이터를 공유하는 것만으로는 부족하다. 과학 지식의 생산과 유통 체계를 근본적으로 재구성하는 정치적 프로젝트가 되어야 한다. 지식이 자본의 통제에서 벗어나 공공의 것이 되려면, 지식 생산의 목적과 방식 자체를 바꿔야 한다. 당장의 실적이나 이윤이 아닌 사회적 필요에 따라 연구의 우선순위를 결정해야 하고, 연구자를 경쟁으로 내모는 평가 제도를 바꿔야 한다. 더불어 지식 생산의 민주화가 참여 기회의 확대를 넘어 실질적인 권한의 재분배로 이어져야 한다. 시민들이 연구의 전 과정에서 의미 있는 목소리를 낼 수 있어야 하고, 개발도상국의 연구자들이 동등한 파트너로 인정받아야 한다. 이는 단순히 연구 결과물을 공개하는 차원을 넘어 연구의 의제를 설정하고 자원을 배분하는 과정 자체를 민주화하는 것을 의미한다.

결국 이는 과학이, 나아가 우리 사회의 지식이 누구의 것이어야 하는지에 대한 근본적인 질문과 맞닿아 있다. 이 질문에 대한 우리의 답이 오픈 사이언스와 시민과학의 미래를 결정할 것이다.

9
민중의 과학
무엇을, 왜, 어떻게 생산할 것인가

맨발의대학

인도 라자스탄주의 틸로니아 마을에 맨발의대학이라는 곳이 있다.
1972년 세워진 이 대학에서 300만 명 이상이 교육을 받았다. 그런
데 대학이라기에는 너무 허술하다. 교실은 흙바닥이고 의자가 없
다. "가난한 학생들이 편안하게 지낼 수 있도록" 배려한 결과라고
한다.

　학생이 배우는 것은 태양광 램프와 물 펌프를 제작·설치·수리하
는 기술이다. 마을 단위로 학생을 선발한다. 해당 마을 주민들이 마
을에서 공동으로 사용할 태양광 패널과 물 펌프에 낼 요금을 결정
하고 마을위원회를 구성해 학생을 선발한다. 되도록 마을에서 가장
가난한 집의 여성을 선발하며, 가끔 노인을 뽑는다. 많은 학생이 읽
을 줄도 쓸 줄도 모른다. 교사와 말이 통하지 않기도 하는데, 인도는

언어가 많아서 이런 일이 생긴다. 학교 입학에는 조건이 없다. 선생님에게 어떤 자격증이나 학위를 요구하지 않으며, 해당 기술을 가르칠 수 있으면 그만이다. 뽑힌 학생은 6개월 동안 교육받는다. 물론 기술 교육만 받는 것은 아니다. 독서, 쓰기, 회계 수업을 함께 받는다. 대학이라고 이름이 붙었지만, 학위와 자격증이 없다. 졸업 자격을 증명하는 것은 오로지 하나, 자기 집에 가져갈 그림 설명서를 만드는 것이다.

2012년에는 유네스코의 '아동 여성 및 여성 교육을 위한 글로벌 파트너십'에 참여해 인도 밖 지역의 여성에게 교육의 문호를 열었다. 중요한 성공 사례가 나왔다. 네팔 출신의 라밀라벤 카르키(Ramilaben Karki)는 맨발의대학에서 교육받은 뒤 자기 마을에 돌아가 100여 가정에 태양광 시스템을 설치했다. 전등을 설치하니 마을 아이들이 밤에 공부할 수 있게 되었고, 여성들의 경제 활동 시간이 늘어났다. 탄자니아의 마사이 부족 출신인 메리 사파리(Mery Safari)는 맨발의대학에서 교육받은 뒤 자기 마을에 태양광 시스템을 도입했다. 마을 주민들은 휴대전화를 충전할 수 있게 되었다. 그녀는 다른 여성들에게 기술을 가르치며 마을 공동체의 지도자로 성장했다. 아프가니스탄 출신의 아이샤 타람(Aisha Taram)은 맨발의대학에서 교육받은 뒤 자국으로 돌아가 여성 교육의 중요성을 알리는 활동을 시작했다. 그녀의 노력으로 여러 마을에서 여성이 교육받는 기회가 늘어났고, 지역사회의 인식이 조금씩 변화하고 있다.

이런 활동으로 전 세계 93개국에서 3,500명의 여성 태양광 엔지니어(solar mamas)가 탄생했고, 250만 명 이상이 태양광 전기 시스템의 혜택을 받았다.

우리에게 태양광발전이란 기후 위기 시대에 화석연료를 대체하는 에너지원이지만, 이들에게는 그 이상의 의미가 있다. 마을에 전기가 들어오니 이전과 삶의 질이 달라졌다. 저녁이 되면 전등을 켜고, 라디오를 듣고, 마을 회관에서 텔레비전을 본다. 낮에 가족과 생계를 위해 일한 아이들이 저녁에 조금이라도 공부할 수 있다. 화석연료와 재생에너지 중에서 선택할 수 있는 우리와 처지가 다르다. 태양광 전기는 이들에게 새로운 삶을 설계하고 누릴 뒷배가 되었다.

아프리카와 중남미, 중동과 인도 등 제3세계 여성은 교육받을 기회, 특히 기술 교육을 받을 기회가 대단히 적다. 대부분의 집이 가난하기 때문이다. 아프리카의 건조 지대에 사는 여성들은 학교에 가는 대신 물을 구하러 가고, 다른 곳에 사는 여성들도 어떻게든 집의 생계를 도울 방법을 찾는다. 조금 여유가 있는 집은 남자아이를 먼저 학교에 보낸다. 마치 한국의 1970~1980년대 모습과 비슷하다. 뿌리 깊은 남아선호사상과 가부장제 전통은 이들 여성에게 이중의 질곡으로 다가온다.

이들 지역에는 오래된 조혼 풍습이 있다. 가난한 집에서는 먹을 입을 하나라도 덜기 위해, 결혼에 따른 지참금을 받기 위해 초경이 지난 아이를 시집보낸다. 조금 여유 있는 집에서는 어릴 때 여자아

이를 데려와서 아이를 낳고 집안일하게 만든다. 어떻게 보면 매매혼이나 마찬가지다. 그래서 많은 여자아이가 학교 근처에도 가지 못한다. 성인이 되어서도 마찬가지다. 남자와 비교해 문맹률이 훨씬 높다.

그런 이들에게 기술 교육은 집안에서, 그리고 마을 공동체에서 남자와 대등한 관계를 만들고 삶의 주체로 서게 하는 발판이 된다. 인도 맨발의학교에 더욱 주목하는 이유다. 맨발의학교는 과학기술이 누구에게 어떻게 전파되어야 하는지를 보여 주는 모범이다.

제3세계 여성을 대상으로 하는 직업 교육 시도는 맨발의대학 외에도 여럿 있다. 그 가운데 아프가니스탄에 아프가니스탄학습연구소라는 조직이 있다. 아프가니스탄 여성과 아동을 위해 직업 훈련, 컴퓨터 교육, 보건 교육 등의 프로그램을 운영한다. 사케나 야쿠비(Sakena Yacoobi)가 주도하고 있다. 다들 알다시피 아프가니스탄은 오랜 내전을 겪었고, 탈레반이 통치하는 시기가 있었다. 이들은 공공연하게 여성의 교육을 금지한 탈레반 치하에서 소녀들을 대상으로 비밀 야간 학교를 운영했고, 난민 캠프에서 학교를 운영했다.

나이지리아에는 여성기술능력센터가 있다. 나이지리아의 여성과 소녀를 위한 기술 교육 센터로, 스템(STEM)[38] 교육, 코딩, 디지털 문해력 등 다양한 프로그램을 운영한다. 특히 아이티포올(IT4ALL)이란 프로그램으로 발달장애나 지적장애 학생에게 컴퓨터

---

38 STEM은 과학(Science), 기술(Technology), 공학(Engineering), 수학(Mathematics)의 첫 글자를 따서 만들었다. 주로 교육 분야에서 사용한다.

활용 능력과 읽기 및 쓰기를 가르친다.

우간다에서는 우간다여성기술교육센터가 주로 정보통신기술 프로그램을 운영하며 코딩, 웹 개발, 그래픽디자인 교육을, 가나에서는 아세시대학교 가나여성스템교육프로그램이 여성과 소녀를 위한 과학, 기술, 공학, 수학 교육 프로그램을 운영하며 3D 프린팅, 로봇공학, 프로그래밍 등을 교육한다.

라틴아메리카에는 라보라토리아(Laboratoria)가 있다. 저소득 여성들을 대상으로 하는 코딩부트캠프로, 6개월 간의 집중 교육 뒤 취업을 연계한다.

이런 활동들은 여성의 역량을 강화해 경제적 자립을 돕고 사회적 지위를 높이는 데 이바지한다. 남성 중심의 기술 분야에 여성의 참여를 확대하고 기술 교육에서 불평등을 해소하는 데 도움을 준다.

하지만 한계가 있다. 우선, 이런 활동들은 개인 차원의 역량 강화에 초점을 맞춘다. 이는 여성이 겪는 차별과 불평등의 근본 원인인 가부장제와 경제구조에 대한 직접적인 도전과 해결과는 조금 거리가 있다. 다음으로, 이런 활동들이 개인의 '자립'과 '경쟁력'을 강조하는 자본주의적 접근을 취하는 경향 또한 분명하다. 이는 기술 교육을 통해 여성들에게 기존 시스템에 '적응'하도록 유도하며, 서구 중심의 기술과 교육 모델을 무비판적으로 적용한다는 비판이 있다.

루카스 플랜

영국의 루카스항공은 매출의 절반가량이 군수 산업에서 나오는 회사였다. 1970년대 오일쇼크로 시작된 경기 침체로 영국 정부가 군수품의 발주를 줄이자, 매출이 감소한 회사는 대규모 감원을 예고했다. 이에 1976년 루카스항공의 노동자들은 직접 대안적 생산 계획, 곧 '루카스 플랜(Lucas Plan)'을 내놓았다.

이 계획의 중심에 '사회적으로 유용한 생산'이라는 표어가 있었다. 군수물자 생산이 높은 기술력과 수익을 보장하지만, '그것이 과연 사회에 진짜 필요한가?'라는 근본적인 질문을 던진 것이다. 당시 영국 사회는 심각한 에너지 위기와 의료 서비스 부족, 환경 문제 등을 겪고 있었다. 노동자들은 자신들의 기술을 이런 사회문제 해결에 써 보자고 제안했다.

계획을 세우는 과정이 특별했다. 전체 계획은 회사 내 노동조합 통합위원회가 주도했지만, 실제 내용은 현장에서 올라왔다. 17개 공장의 노동자 1만3,000명이 참여했는데, 기술자, 생산직 노동자 등이 자발적으로 워크숍을 열고 토론했다. 각자의 전문성과 경험을 바탕으로 새로운 제품을 구상하고 상세한 설계도까지 그렸다. 이들이 제안한 제품을 크게 다섯 가지 범주로 나눌 수 있다.

첫째, 재생에너지 기술이다. 당시로서는 혁신적인 풍력발전기, 태양열 집열기, 열병합발전 시스템 등을 제안했다. 특히 대규모 중앙 집중식이 아닌 지역 단위 분산형 에너지 시스템을 구상했다. 현재 분산형 전력망의 선구적 모델이다. 둘째, 의료기기다. 휠체어, 인공 신장 투석기, 휴대용 생명 유지 장치 등 당시 의료 현장에 필요한 장비들이었다. 특히 고가의 인공 신장 투석기를 저렴하게 만들어 접근성을 높이고자 했다. 셋째, 에너지 효율적인 교통수단으로, 하이브리드 엔진 자동차와 도로-철도 겸용 버스 등을 구상했다. 하이브리드 엔진은 연료 효율을 높이면서 환경오염을 줄이는 방안이었다. 넷째, 대체 에너지 난방 시스템으로, 이는 당시 에너지 위기를 겪고 있던 상황에서 열펌프(heat pump) 기술을 활용한 것이었다. 기후 위기 시대인 요사이 다시 주목받고 있다. 다섯째, 산업 안전 장비다. 루카스의 제동 기술을 응용한 고성능 열차 제동 장치, 구급차용 충격 흡수 장치, 갱도 내 가스 누출 감지기, 기계 작동 시 위험 감지 센서 등 다양한 영역을 포괄하고 있었다.

루카스 플랜에서 가장 주목할 만한 점은 노동자들이 제시한 계획의 구체성과 전문성이었다. 이들의 제안은 아이디어 수준을 넘어 시장 분석부터 생산 계획까지 포괄하는 종합적인 청사진이었다. 생산직 노동자와 사무직·연구직 노동자가 모두 참여했기에 가능했다. 노동자들은 각 제품에 대해 잠재적 시장 규모를 조사하고 공공과 민간 부문의 수요를 분석했으며, 가격 경쟁력과 시장 진입 전략을 고려했다. 또한 루카스가 기존에 보유한 기술과 새로운 제품 생산에 필요한 기술을 세밀하게 비교·분석했다. 예를 들어 풍력발전기는 항공기 터빈 제작 기술과 설비를 활용할 수 있다는 점을 구체적으로 제시하고 필요한 추가 기술 습득 방안을 함께 계획했다. 생산 설비 전환 계획은 매우 실제적이었다. 기존 설비의 활용 가능성을 분석하고 생산 설비 재배치와 개조에 필요한 비용을 산출했으며, 작업자 재교육 프로그램을 고려했다. 이는 현장에서 직접 생산을 담당하는 노동자들만이 가질 수 있는 실제적인 지식과 경험에서 비롯한 것이었다.

이러한 루카스 플랜은 노동자들이 단순한 작업 수행자가 아니라, 생산 과정 전반을 이해하고 혁신할 수 있는 주체라는 사실을 보여줬다. 그들은 '무엇을 만들 것인가?'뿐 아니라 '어떻게 만들 것인가?'에 대한 구체적인 답을 제시할 수 있었고, 이는 현장 노동자들의 기술적 전문성과 창의성을 증명하는 중요한 사례가 되었다.

하지만 루카스 플랜은 회사 경영진과 정부 모두의 반대에 부딪혔다. 경영진은 이 계획이 경영권을 침해한다며 즉각 거부했고, 당시 노동당 정부는 루카스 플랜을 지원하지 않았다. 거부 이유는 복잡했다. 경영진은 군수 산업이 민수 산업보다 수익성이 높다는 점을 들었다. 실제로 군수 산업은 안정적인 정부 계약을 바탕으로 높은 이윤을 보장받고 있었다. 하지만 정부 주도 물량이 줄어들어 대량 해고가 예고된 시점에서 이는 자기모순이었다. 정직하게 말하면 경영진은 노동자들이 생산 결정에 참여하는 것이 두려웠다. 당시 영국에서는 노동자 경영 참여나 산업민주주의에 대한 논의가 활발했는데, 경영진은 이를 '사회주의적 시도'로 보고 경계했다. 정부 역시 비슷한 생각이었다. 표면적으로는 시장성이 검증되지 않았다는 이유를 들었으나, 실제로는 자본주의를 흔들려는 행동으로 봤다.

당시는 냉전 시기였다. 비슷한 시기에 동유럽 사회주의 국가들에서 이와 비슷한 시도들이 일어났다. 1968년 '프라하의 봄' 시기에 체코슬로바키아에서는 노동자자주관리 운동이 활발했고, 여러 공장에서 노동자들이 생산 계획에 참여했다. 폴란드에서는 1970년대 초반 노동자평의회를 통해 생산 결정에 참여하려는 시도가 있었다. 이런 상황에서 나토(NATO) 회원국이었던 영국에서 발생한 주요 방위산업체 노동자들의 군수 산업 축소 주장은 정치적으로 민감한 사안이었다. 노동자들의 제안이 아무리 합리적이고 구체적이라 해도 냉전 체제 아래서 자본과 정부는 받아들일 수 없었다.

루카스 플랜은 비록 실현되지 못했지만, 노동의 의미와 생산의 방향에 대한 근본적인 질문을 던졌다. 특히 이 계획은 고용 보장을 넘어 '사회적으로 유용한 생산'이라는 대안적 생산 패러다임을 제시했다. 노동자들은 자신들의 노동을 단순히 이윤을 위한 것이 아니라, 사회적 필요를 충족시키기 위한 것이라고 주장했다. 이는 자본주의적 생산의 근본적인 모순, 즉 사회적 필요와 이윤 추구 사이의 괴리를 드러냈다.

또한 루카스 플랜은 노동자들의 집단 지성과 창의성을 보여 주었다. 테일러주의적 노동 통제 아래서 노동자들은 단순 작업자로 취급되었지만, 실제로는 생산 과정에 대한 깊은 이해와 혁신적 아이디어를 가지고 있었다. 노동자들이 제시한 대안은 그저 이상이 아니라, 매우 구체적이고 실현 가능한 계획이었다. 이는 노동자자주관리나 산업민주주의가 현실적으로 가능하다는 것을 보여 주는 증거였다. 더욱이 노동자들이 제시한 기술적 비전은 현재의 관점에서 보면 매우 선구적이었다. 재생에너지, 분산형 전력망, 에너지 효율적 교통수단 등은 기후 위기 시대에 더욱 절실히 요구되는 기술들이다. 1970년대에 이미 이런 미래지향적 비전을 제시했다는 사실은 이윤이 아닌 사회적 필요에 기반한 생산이 얼마나 혁신적일 수 있는지를 알려 준다.

물론 한계는 있었다. 가장 크게는 노동조합 운동의 고립성이다. 루카스 플랜은 회사 내 노동자들의 운동에 머물렀고, 다른 산업 부문이나 시민사회와의 연대로 나아가지 못했다. 만약 의료계, 환경단체, 다른 산업의 노동자들과 폭넓은 연대를 형성했다면 결과는 달라졌을지 모른다. 또한 정치적 전략의 부재를 지적할 수 있다. 루카스 플랜은 노동당 정부를 설득하거나 우호적인 정치세력으로 만드는 데 실패했다.

비슷한 시도들이 그 뒤로 일어났다. 1980년대 스웨덴의 볼보자동차 공장에서는 노동자들이 생산 설비 재설계에 참여했고, 2000년대 베네수엘라에서는 여러 공장이 노동자 통제 아래에 놓였다. 최근에는 코로나19 대유행 때 이탈리아의 의료 장비 공장들이 노동자들의 주도로 생산 품목을 전환했다.

조금 결이 다르지만, 한국에도 회사를 노동자가 인수해서 운영하는 사례가 있다. 경동산업은 1979년 설립되었는데, 2003년 회사가 부도 위기에 처했을 때 노동자들이 체불임금과 퇴직금 등 약 36억 원을 출자해 회사를 인수했다. 노동자들은 "경동산업주식회사 소유권과 경영권을 노동자가 가지고 있는 것"을 기본 원칙으로 삼았다. 임원진을 노동자들이 직접 선출하고 주요 결정을 노동자 총회를 통해 내렸다. 이러한 민주적 운영을 통해 회사를 성공적으로 정상화했다. 지금은 제품 브랜드명인 키친아트로 회사 이름을 바꿨다.

우진교통은 청주 지역의 버스 회사로, 2005년 회사가 파산 위기에 놓이자, 노동자들이 체불임금 등을 보전받는 대신 회사를 인수했다. 노동조합의 주도로 직원들이 공동으로 소유하고 경영하는 형태로 전환했다. 우진교통은 노동자자주관리 뒤 서비스 질이 크게 향상되었다고 평가받는다. 회사의 주인이 된 운전기사들은 승객 서비스를 개선하고 안전 운행에 더욱 신경 쓰고 있다.

이런 시도들은 비록 완전한 성공을 거두지는 못했지만, 대안적 생산 방식의 가능성을 보여 준다. 지금처럼 기후 위기와 불평등이 심해지는 시대에 루카스 플랜이 제기한 질문, 즉 '무엇을, 왜, 어떻게 생산할 것인가?'는 더욱 절실해지고 있다. 이윤이 아닌 사회적 필요에 기반한 생산, 노동자와 시민이 참여하는 민주적 생산이라는 비전은 우리 시대의 위기를 해결하는 중요한 단서가 될 수 있다.

루카스 플랜은 대안 기술 운동에 큰 영향을 끼쳤다. 대안 기술 운동은 거대 기술이나 중앙 집중식 기술이 아닌, 지역사회에 맞는 적정기술을 개발하자는 운동이다. 실제로 루카스 플랜이 제안했던 재생에너지 기술들은 이후 영국의 여러 지역사회에서 실험되었다.

적정기술

'적정기술'이란 말을 들으면 대개 손 펌프나 정수기, 태양광 조리기 같은 간단한 기계들이 떠오른다. 실제로 많은 적정기술 프로젝트가 이런 기술들을 개발하고 보급하는 데 집중해 왔다. 그래서 적정기술은 가난한 사람들이 쉽게 사용할 수 있는 값싼 기술이란 느낌이 강하다. 하지만 적정기술의 역사를 살펴보면, 단순히 '가난한 사람들을 위한 값싼 기술'을 만드는 것이 주요 목적은 아니었다.

1973년 영국의 경제학자 에른스트 프리드리히 슈마허(Ernst Friedrich "Fritz" Schumacher)는《작은 것이 아름답다(Small is Beautiful)》에서 '중간기술' 개념을 제시했다. 당시 제3세계 국가들은 서구의 거대 기술을 도입하느라 막대한 부채를 안고 있었다. 하지만 도입된 기술은 현지의 필요와 조건에 맞지 않았고, 소수 엘리트만 이용할 수 있었다. 슈마허는 이런 상황에서 현지의 자원과 기술력으로 만들 수 있으면서 전통적인 방식보다 생산성이 높은 '중간' 정도의 기술이 필요하다고 생각했다. 그러나 슈마허는 기술의 수준 문제만 얘기하지 않았다. 그는 거대 기술이 자본 집중과 중앙 집중을 낳으며 이는 결국 민주주의를 위협한다고 여겨, 지역 공동체가 스스로 통제할 수 있는 작은 규모의 기술을 제안했다. 기술의 민주화라는 측면에서 앞서 본 맨발의대학이나 루카스 플랜과 맥을 같이 한다.

이런 생각은 1970년대 제3세계 곳곳에서 시도된 다양한 대안 발전 운동과 연결된다. 인도의 간디주의자들은 '스와데시(Swadeshi, 자립)'와 '스와라지(Swarāj, 자치)'를 강조하며 마을 단위의 수공업을 발전시켰고, 탄자니아에서는 우자마(Ujamaa) 운동이 마을 단위 생산을 시도했다. 이들은 서구식 산업화를 그대로 따르지도, 그렇다고 전통으로 회귀하지도 않으려 했다.

1980년대 이후 적정기술 운동은 미묘한 변화를 겪는다. 이때부터 세계은행이나 국제 개발 기구들이 적정기술을 '빈곤 감소' 프로그램의 하나로 받아들였다. 이런 변화는 적정기술이 퍼지는 데 긍정적인 역할을 했지만 중요한 한계를 드러냈다.

우선, 적정기술이 점차 '빈곤층을 위한 기술'이란 협소한 의미로 축소되었다. 본래 적정기술이 가졌던 대안적 발전 모델이란 문제의식은 사라지고, '어떻게 하면 가난한 사람들에게 값싼 기술을 제공할 수 있을까?'라는 시각만 남았다. 실제로 많은 적정기술 프로젝트가 현지의 필요나 조건을 제대로 고려하지 않은 채 진행되었다. 예를 들어 아프리카의 한 마을에 태양광 정수기를 설치했는데, 현지인들은 이를 거의 사용하지 않았다. 왜냐하면 물 문제의 핵심은 수질이 아니라 물을 길어 오는 먼 거리에 있었기 때문이다. 또, 다른 마을에 태양광 조리기를 보급했지만, 현지의 조리 문화와 생활양식에 맞지 않았다.

더 근본적으로, 적정기술이 제3세계의 빈곤 문제를 개별 기술로 해결하려 한다는 문제가 있었다. 빈곤은 기술이 부족해서가 아니라, 불평등한 국제 경제구조와 국내의 정치적 문제가 얽힌 결과다. 이런 구조적 문제를 건드리지 않은 채 기술만으로 해결하려는 태도는 한계가 분명했다. 실제로 많은 적정기술 프로젝트가 외부 지원이 끊기면 지속되지 못했다. 현지에서 기술을 만들고 수리할 수 있는 역량이 만들어지지 않았기 때문이다. 또 일부 프로젝트는 오히려 현지의 자생적 발전 가능성을 가로막기도 했다. 가령 지역의 전통적인 수공업자들은 외부에서 들어온 '더 효율적인' 기술 때문에 생계를 잃었다.

이런 한계를 인식하면서 2000년대 이후 적정기술에 대한 새로운 시도들이 나타났다. 그중 하나가 '참여적 기술 개발'이었다. 현지 주민들이 처음부터 기술 개발 과정에 참여하는 방식이다. 전문가들이 일방적으로 기술을 전달하는 것이 아니라 현지의 지식과 필요를 존중하면서 함께 해결책을 찾아가는 방식이다.

네팔의 카트만두대학은 이런 방식으로 흥미로운 성과를 냈다. 학생들과 교수들이 정기적으로 마을을 방문해 주민들과 대화하고 그들의 필요를 파악했다. 그 결과 현지에서 나는 대나무로 만든 풍력발전기, 농부들의 자세를 고려한 농기구 등이 개발되었다. 이 과정에서 현지 청년들은 기술을 배우고 자체적으로 그 기술을 개선해 나갔다.

하지만 이런 시도들도 여전히 '기술이란 틀에 갇혀 있다'라는 지적이 있다. 앞서 말했듯이 빈곤이나 불평등은 단순히 기술의 문제가 아니다. 그래서 이제 일부 활동가들은 적정기술을 사회운동과 결합하고자 한다. 인도의 나브다냐(Navdanya) 운동은 유전자조작 종자에 맞서 토종 종자를 지키는 운동을 하면서, 동시에 농민들의 자립적 기술 개발을 돕는다. 여기서 다시 기술의 문제는 결국 '어떤 사회를 만들 것인가?'라는 질문과 연결될 수밖에 없다는 루카스 플랜의 교훈이 떠오른다. 적정기술이 '빈곤층을 돕는' 기술이 아니라 대안적 발전을 위한 기술이 되려면, 이런 근본적인 질문을 놓쳐서는 안 된다.

최근 전 세계적으로 확산하는 팹랩(FabLab)이나 메이커스페이스(Maker Space)는 적정기술의 새로운 모습을 보여 준다. 이 공간들은 3D 프린터, 레이저 커터, CNC 기계 등 디지털 제작 도구들을 구비하고 이를 누구나 사용할 수 있게 한다. 사용자들은 이곳에서 자신의 필요에 맞는 물건을 직접 설계하고 만들 수 있다. 이런 공간들이 추구하는 '오픈 소스 하드웨어(open source hardware)' 철학은 주목할 만하다. 이들은 설계 도면이나 제작 방법을 모두 공개하고 공유한다. 예를 들어 인도의 한 팹랩에서 만든 저가형 보청기 설계는 전 세계 다른 팹랩과 공유되면서 현지 상황에 맞게 수정·개선된다. 이는 '지식과 기술을 사유화하지 말고 공유하자'라는 적정기술의 정신과 맞닿아 있다.

하지만 이런 움직임은 새로운 형태의 불평등을 만들 위험이 있다. 실제로 많은 메이커스페이스가 도시의 젊은 전문가들만의 폐쇄적인 공간이 되어 가고 있다. 장비를 다루는 데 필요한 기초적인 디지털 문해력이 이미 새로운 진입장벽이 되었다. 이런 공간들이 선진국과 개발도상국의 대도시에 집중되어 있다는 점도 문제다. 여기에 더해 '메이커' 문화가 가진 기술 만능주의적 경향도 걱정스럽다. 마치 개인의 창의성과 기술만 있으면 모든 문제를 해결할 수 있다는 식이다. 이는 빈곤이나 불평등 같은 구조적 문제들을 개인의 역량 문제로 환원할 위험이 있다.

결국 우리가 다시 해야 할 질문은 '누구를 위한 기술인가?'이다. 적정기술 운동이 처음 제기했던 문제의식, 즉 기술이 소수가 아닌 모두의 것이 되어야 한다는 생각은 여전히 유효하다. 하지만 이는 값싼 기술을 보급하거나 첨단 장비를 갖춘 공간을 만드는 것만으로는 달성될 수 없다. 기술의 생산과 활용 과정 전반에 대한 민주화가 필요하다. 기술에 대한 접근성을 높이는 것을 넘어 어떤 기술이 필요한지, 그것을 어떻게 만들고 사용할 것인지를 함께 결정할 수 있어야 한다. 맨발의대학과 루카스 플랜이 보여 주듯 불가능한 꿈만은 아니다.

이를 위해서는 기술을 바라보는 시각부터 바꿔야 한다. 기술은 단순히 도구가 아니라 우리의 삶과 사회를 조직하는 방식이다. '어떤 기술을 선택하고 발전시킬 것인가?'라는 문제는 결국 '어떤 사회를 만들 것인가?'라는 질문과 분리될 수 없다. 그런 점에서 적정기술의 미래는 단순히 기술의 문제가 아니라 우리 사회의 민주주의를 얼마나 더 확장하고 심화할 수 있느냐의 문제다.

제3세계 과학기술 운동 1: 20세기 초중반

제3세계에도 주목할 만한 시도들이 있었다. 1967년 탄자니아의 초대 대통령 줄리어스 니에레레(Julius Kambarage Nyerere)는 '우자마 사회주의 선언'을 발표했다. 우자마는 스와힐리어로 가족애, 공동체를 뜻한다. 우자마 사회주의는 아프리카의 전통적 공동체 가치를 현대 사회에 접목하려 했다는 점에서 독특한 시도다. 니에레레는 서구식 발전 모델이나 소련식 집단농장을 그대로 도입하는 대신 탄자니아의 전통적인 확대가족 체계와 상호부조 정신을 현대적으로 재해석하고자 했다.

주목할 만한 것은 마을 단위의 기술 발전 방식이다. 우자마 마을에서 주민들은 직접 참여하는 작은 작업장들을 통해 지역에 필요한 기술을 발전시켰다. 대규모 공장은 아니었지만, 농기구 수리부터 태양열 건조기 제작까지 주민들의 실제 필요에 부응하는 기술들을 만들었다. 또한 마을 공동체의 직접민주주의를 통해 생산과 분배에 관해 결정했다.

하지만 우자마 사회주의는 여러 한계에 부딪혔다. 무엇보다 국제 경제체제 속에서 고립된 자급자족 경제를 유지하기가 어려웠다. 세계 시장의 압력과 국제 금융 기구들의 구조조정 프로그램에 따라 그 기반이 점차 약해졌다. 또한 관료들의 강제적인 집단화 추진과 중앙정부의 지나친 개입이 지역 공동체의 자율성을 제한했다. 기술적인 측면에서도 한계가 있었다. 소규모 생산 위주라서 규모의 경제를 달성하기 어려웠고, 첨단 기술 발전에서 소외되어 국제 경쟁력 확보에 어려움을 겪었다.

우자마 사회주의는 지속되지 못했지만, 그 실험이 주는 시사점은 유효하다. 오늘날 기후 위기와 불평등의 심화 속에서 우자마 사회주의는 대안적 발전 모델의 가능성을 보여 주는 사례로 재조명될 필요가 있다. 생태적 지속 가능성과 공동체적 가치를 결합한 발전 방식, 그리고 기술은 소수의 전유물이 아닌 공동체 구성원 모두가 참여하고 통제하는 것이어야 한다는 관점은 지금도 중요하다.

인도 케랄라주의 과학 운동은 더 체계적이었다. 1962년 시작된 케랄라과학문화운동협의회(Kerala Sastra Sahitya Parishad, KSSP)는 '인민을 위한 과학'이란 표어를 내걸었다. 이들은 과학기술이 서구의 전유물이 아니며, 인도의 현실에 맞게 과학기술을 재해석하고 활용해야 한다고 주장했다.

눈에 띄는 것은 이들의 활동 방식이다. 과학자들이 일방적으로 지식을 전달하는 대신 마을 주민들과 함께 문제를 발견하고 해결책을 찾았다. 예를 들어 저수지 건설이 필요한 마을에서는 주민들의 전통적인 물 관리 지식과 현대 수리학을 결합했고, 전통 농법에 과학적 분석을 추가해 친환경 농업 모델을 만들었다. 문맹인 농민들은 이 과정에서 자연스럽게 과학적 사고방식을 익혔다.

KSSP는 또한 '과학 예술제'라는 독특한 프로그램을 운영했다. 과학 내용을 현지 언어로 된 노래, 연극, 시 등으로 만들어 주민들과 공유했다. 이는 맨발의대학이 문맹 여성들에게 기술을 가르치기 위해 그림 설명서를 활용한 것과 비슷한 접근이었다. 과학기술을 어려운 전문용어나 복잡한 수식으로만 전달할 필요는 없다.

중국의 맨발의의사(赤脚医生) 운동도 주목할 만하다. 1960년대 중국 농촌에서는 의료 인력이 부족했다. 마오쩌둥은 '농민을 위해 일하는 의사'를 양성하자고 제안했다. 이렇게 시작된 맨발의의사 운동은 농촌의 평범한 주민들을 기초적인 의료 기술을 지닌 의료 인력으로 키워 내고자 했다. 이들은 3~6개월 정도의 기초 의료 훈련을 받은 뒤 마을로 돌아가 진료 활동을 펼쳤는데, 서양 의학과 중국 전통 의학을 모두 활용했다. 침술이나 한약 같은 전통 치료법과 기초적인 현대 의학을 결합해 지역 실정에 맞는 의료 서비스를 제공했다. 특히 예방의학과 공중보건에 중점을 두어 마을의 위생 상태를 개선하고 전염병을 예방하는 데 나름의 역할을 했다.

맨발의의사는 원래 농민이다 보니 주민들의 생활과 건강 문제를 자기 문제처럼 이해할 수 있었다. 이들은 값비싼 의료 장비나 약품이 없어도 주민들의 필요에 맞는 기초적인 의료 서비스를 제공했다. 맨발의의사는 자원이 제한되고 의료 인력이 부족한 상황에서도 최소한의 효과적인 의료 체계를 만들 수 있음을 보여 주었다.

그러나 이 운동에도 분명한 한계가 있었다. 짧은 교육 기간에 따른 의료 서비스의 질적 문제가 가장 컸다. 복잡한 질병이나 응급 상황에서는 전문성 부족으로 한계가 분명했다. 또한 문화대혁명 시기에 정치적 구호에 치우쳐 의료의 전문성은 무시되기도 했다.

1980년대 들어 중국이 개혁개방을 시작하면서 이 운동은 점차 쇠퇴했다. 의료의 전문화와 시장화가 진행되면서 맨발의의사는 새로운 의료 체계로 대체되었다. 그러나 이 운동이 보여 준 '의료 민주화' 시도는 여전히 의미가 있다. 오늘날 의료 불평등이 심각한 상황에서 지역사회의 참여를 통한 기초 의료 서비스 제공이라는 아이디어는 다시 생각해 볼 가치가 있다.

베네수엘라의 적정기술센터 운동도 흥미로운 사례다. 1970년대 베네수엘라는 석유 수출로 꽤 가파른 경제성장을 이루지만, 도시 빈민가와 농촌 지역은 여전히 열악했다. 이런 상황에서 시작된 적정기술센터 운동은 주민들이 직접 참여하는 방식으로 지역의 문제를 해결하려 했다. 특히 카라카스 외곽의 '바리오(Barrio)'라 불리는 빈민가에서 시작된 기술 워크숍은 주목할 만하다. 이곳에서 주민들은 직접 참여해 태양열 조리기나 빗물 저장 시스템 같은 생활 기술을 개발하고 설치했다. 이 과정에서 여성들의 참여가 두드러졌다. 전통적으로 가사와 육아를 담당하던 여성들이 기술 개발의 주체로 나서면서 실제 생활에 필요한 기술들이 만들어졌다.

적정기술센터는 지역의 전통적인 기술 지식을 현대적으로 재해석하려 시도했다. 안데스 산악 지역의 전통적인 관개 시스템을 개선거나 선주민들의 농업 기술을 과학적으로 분석해 발전시켰다. 이는 외부의 기술을 그대로 도입하는 대신 지역의 지식과 필요에 맞춘 기술을 발전시키려는 노력이었다.

그러나 이 운동 역시 여러 한계에 부딪혔다. 가장 큰 문제는 지속가능성이었다. 초기에는 정부와 국제 NGO의 지원으로 활발히 운영되었지만, 1980년대 베네수엘라의 경제 위기와 함께 많은 센터가 문을 닫았다. 또한 개발된 기술들이 지역 단위에 머물러 더 넓은 범위로 퍼져 나가지 못했다. 기술적인 측면에서도 아쉬움이 있었다. 대부분의 기술이 기초적인 생활 문제 해결에 초점을 맞추다 보니 점차 고도화되는 산업 사회의 요구에 대응하기 어려웠다. 결국 많은 지역에서 적정기술은 임시방편으로 여겨졌다.

제3세계의 이러한 다양한 시도들은 서구의 기술을 그대로 도입하는 대신 자신들의 필요와 조건에 맞게 기술을 재해석하고 활용했다는 점에서 의미가 있다. 루카스 플랜이 선진국 노동자들의 기술 민주화 시도였다면, 이들은 제3세계의 관점에서 기술의 의미를 다시 생각했다. 둘 다 기술이 특정 집단의 전유물이 아니라 모두의 것이 되어야 한다는 생각을 보여 줬다. 하지만 동시에 여러 한계가 드러났다. 대부분의 운동이 국가 주도로 이뤄지면서 관료주의적 경향이 강했고, 현장의 필요보다 정치적 구호가 앞서곤 했다. 또한 기술 수준이 기초적인 적정기술에 머물러 있어서 지속 가능성을 확보하기 어려웠다.

이러한 한계를 극복하기 위해 1980년대부터 새로운 형태의 과학기술 운동이 등장했다. 이 운동들은 이전의 하향식, 국가 주도 방식에서 벗어나 시민사회와 지역 공동체가 주도하는 상향식 접근을 시도했다. 또한 적정기술을 넘어 첨단 과학기술까지 아우르면서 이를 민주적으로 활용하고 통제하는 방식을 모색했다.

제3세계 과학기술 운동 2: 20세기 후반 이후

과학기술을 선진국의 전유물이라고 생각하기 쉽다. 실제로 많은 개발도상국이 선진국의 기술을 수입하거나 모방하는 데 급급했다. 하지만 1980년대부터 남반구 곳곳에서 자신들만의 과학기술을 발전시키려는 움직임이 일었다. 이는 단순히 기술 개발이 아닌 지역 공동체의 필요에 맞는 새로운 과학기술 모델을 만들려는 시도였다.

브라질의 토지없는농업노동자운동(Movimento dos Trabalhadores Rurais Sem Terra, MST)이 좋은 사례다. 1984년 시작된 이 운동은 처음에는 토지 개혁을 요구하는 농민운동이었다. 당시 브라질의 토지 소유는 극도로 불평등했다. 전체 농지의 80% 이상을 전체 농가의 4%도 안 되는 대농장주들이 소유하고 있었다. 반면 수백만 농민들은 땅이 없어서 농업 노동자로 살아가야 했다.

MST는 처음에는 버려진 땅이나 정부 소유 땅을 점거해 경작하는 것으로 시작했다. 하지만 곧바로 근본적인 문제에 부딪혔다. 설사 땅을 얻는다 해도 어떻게 농사를 지을 것인가? 당시 브라질 농업은 '녹색혁명' 모델을 따르고 있었다. 화학비료와 농약을 대량으로 쓰고 단일 작물을 재배하는 방식이었다. 그러나 이런 농법은 자본이 부족한 소농들에게는 적합하지 않았다. 게다가 토양을 악화시키고 생물 다양성을 파괴한다는 문제가 있었다. 고민 끝에 MST는 2005년 플로레스탄페르난데스국민농업학교(Escola Nacional Florestan Fernandes)를 설립했다. 이름은 학교지만 사실상 연구소다.

이곳의 특별한 점은 연구 방식이다. 농민들이 직접 연구자가 되어 현장 실험을 하고 데이터를 모으고 결과를 분석했다. 예를 들어 한 그룹은 전통적인 콩 품종과 현대 품종을 다양한 조건에서 재배하면서 어떤 품종이 어떤 조건에서 잘 자라는지를 체계적으로 연구했다. 또 다른 그룹은 전통적인 자연 농약과 화학 농약의 효과를 비교했다. 병충해 방제 효과뿐 아니라 토양 미생물에 끼치는 영향까지 조사했다. 이런 연구들은 모두 농민들의 실제 경험과 필요에서 출발했다. 그래서 연구 결과를 즉시 현장에 적용할 수 있었다.

더 주목할 만한 것은 이런 연구 결과를 공유하는 방식이다. MST는 '농민 대 농민' 교육 네트워크를 만들었다. 한 지역에서 성공한 농법이나 품종을 다른 지역 농민들과 공유했고, 각 지역의 기후와 토양 조건에 맞게 수정·보완했다. 이는 위에서 아래로의 일방적인 기술 전파가 아니라 농민들 사이의 수평적인 지식 교류였다. 그리고 이제는 교육기관으로서의 면모를 갖추고 있다. 농업 기술만 가르치는 것이 아니라, 브라질 현실 강좌, 사회이론, 라틴아메리카 현실, 역사 등의 강좌를 연다. 토지교육학, 지역사회 건강, 협력 행정 등의 강좌도 이루어지고 있다.

에이즈가 전 세계를 강타했던 1990년대 후반, 남아프리카공화국의 상황은 특히 심각했다. 당시 성인 인구의 약 20%가 에이즈에 감염된 상태였다. 하지만 효과적인 항레트로바이러스 치료제는 너무 비쌌다. 연간 치료비가 1만 달러를 넘었으니, 대다수 환자에게는 그림의 떡이나 마찬가지였다. 이런 상황에서 1998년 에이즈 치료행동캠페인(Treatment Action Campaign)이 시작되었다. 치료행동캠페인은 약값 인하를 요구하는 운동을 벌였다.

하지만 곧바로 더욱 적극적인 행동에 나섰다. 치료행동캠페인은 인도의 복제약 제약사들과 접촉해 저렴한 복제약을 들여오려 했다. 당시 이는 제약 회사들의 특허권을 위협하는 '불법' 행위로 여겨졌다. 그러나 치료행동캠페인의 압박으로 39개 제약 회사가 남아프리카공화국 정부를 상대로 제기했던 특허권 소송을 취하하고, 아프리카 국가에 대해 특허권을 유연하게 적용하기로 합의했다. 연간 치료 비용이 1만 달러에서 350달러로 낮아졌다. 이러한 움직임은 2001년 세계무역기구가 도하선언((Doha Declaration)을 통해 공중보건을 위해 특허권을 제한할 수 있다는 원칙을 확립하는 데 영향을 끼쳤다.

치료행동캠페인은 여기서 멈추지 않았다. 의약품 접근성 운동을 넘어 '치료 문해력(Treatment Literacy)' 프로그램을 시작했다. 에이즈에 대한 의학 정보를 쉬운 언어로 번역하고 이를 지역 공동체에 전파했다. 나아가 지역별로 '치료 문해력 실천가(Treatment Literacy Practitioner)'를 양성했다. 의사나 간호사가 아닌 일반 시민들이 에이즈에 대한 전문적 지식을 습득하고 이를 다른 이들과 나누었다. 실천가들은 약물의 작용 원리부터 부작용 관리, 영양 섭취 방법까지 포괄적인 지식을 전파했다. 특히 환자들의 실제 경험을 체계적으로 수집하고 공유했다. 실천가들은 임상 시험 과정에도 참여했다.

또한 치료행동캠페인은 의과대학, 연구소와 협력해 새로운 치료법을 시험하는 과정에서 지역사회자문위원회를 구성했다. 이 위원회를 통해 연구 설계 단계부터 환자들의 필요와 현실을 반영했다. 예를 들어 약물 복용 시간을 현지인들의 생활방식에 맞추거나 부작용 모니터링 방식을 개선하는 등의 변화가 일어났다.

이런 활동의 결과는 인상적이었다. 2006년까지 약 100만 명이 치료 문해력 프로그램의 혜택을 받았다. 이 과정에서 인식의 변화가 일어났다. 에이즈 환자들이 더 이상 수동적인 치료 대상이 아니라 자신의 건강과 치료에 대해 발언하고 결정하는 주체가 되었다.

2000년대 초반 베네수엘라에서 독특한 실험이 시작되었다. '내생적 발전(Endogenous Development)' 정책의 하나로 시작된 과학

기술혁신네트워크 프로그램이다. 이 프로그램은 지역 공동체가 주도하는 기술 혁신을 목표로 삼았다. 당시 베네수엘라는 석유 수출에 과도하게 의존하는 경제구조를 바꾸려 계획했다. 문제는 다른 산업 분야의 기술력이 매우 취약하다는 점이었다. 대부분의 기술과 설비를 수입에 의존했고, 연구개발은 소수 대기업과 국립연구소에 집중되었다.

이런 상황에서 과학기술혁시네트워크는 파격적인 시도를 한다. 연구개발의 주체를 지역 공동체로 바꾸자는 제안이었다. 프로그램은 이렇게 진행되었다. 먼저 각 지역에서 혁신위원회를 구성했다. 여기에 지역 주민뿐 아니라 대학 연구자, 기술자, 지방정부 관계자가 참여했다. 혁신위원회에서 지역의 필요를 파악하고 이를 해결하기 위한 기술 개발 계획을 세웠다. 정부는 이런 계획들에 자금과 기술 지원을 제공했다. 예를 들어 카라카스 인근의 한 마을에서는 폐기물 처리 문제를 해결하기 위해 소규모 재활용 설비를 개발했다. 주민들이 직접 설계에 참여했고, 덕분에 현지 조건에 맞는 실용적인 해결책이 나왔다. 또 다른 지역에서는 태양열 건조기를 개발해 과일 가공 산업을 일으켰다. 이 과정에서 전통적인 식품 가공 방식과 현대 기술을 결합한 새로운 방식이 탄생했다.

주목할 만한 것은 '기술 혁신실(Salas de Innovación Tecnológica)'이란 공간이다. 이는 일종의 공동 작업장이자 실험실이었다. 이 공간에서 주민들은 기술자들, 연구자들과 함께 새로운 아이디어를 실험하고 시제품을 만들었다. 그리고 이런 공간들은 지역 간 네트워크로 연결되었다. 한 지역의 성공 사례가 다른 지역과 공유되었고, 이를 통해 더 나은 해결책이 만들어졌다.

하지만 이런 시도들은 여러 한계에 부딪혔다. 우선 정부 지원이 일관되지 못했다. 석유 가격 변동에 따라 예산이 들쑥날쑥했고, 이는 많은 프로젝트의 중단으로 이어졌다. 또 기술 개발 과정에서 전문성 부족 문제가 드러났다. 주민 참여를 강조하다 보니 때로는 비효율적인 해결책이 채택되기도 했다. 더 근본적으로는 이런 상향식 기술 혁신이 기존의 경제구조와 충돌했다. 예를 들어 어떤 지역에서 성공적으로 개발된 기술조차 대기업들이 비슷한 제품을 더 저렴하게 공급하면서 지속되기 어려웠다. 단순한 기술의 문제도 경제체제 전반과 연결되어 있었다.

필리핀에서는 마시파그(Magsasaka at Siyentipiko para sa Pag-unlad ng Agrikultura, MASIPAG)[39]라는 농민 조직이 급진적인 시도를 벌였다. 마시파그는 자체 연구소를 설립해 화학비료나 농약 없이도 잘 자라는 품종을 개발하기 시작했다. 2010년대 초반까지 약 2,000개의 벼 품종을 개발했다. 그리고 이 과정에서 '농민 연구자' 네트워크가 만들어졌다. 현재 각 지역의 농민들이 직접 실험 설계부터 데이터의 수집·분석까지 담당하고 있다. 이를 위해 농민이 농민을 가

---

[39] 마시파그는 타갈로그어로 '농업 발전을 위한 농민-과학자 연대'라는 뜻이다. 마시파그는 '근면한, 성실한'이란 뜻도 있다.

르치는 학습 방법을 채택하고 있으며, 필리핀 전역에 분산된 연구 그룹이 있다. 과학자들은 조언자로 참여하면서 농민의 연구를 기술적으로 지원한다.

하지만 이런 운동은 여러 도전에 직면해 있다. 가장 큰 문제는 대형 종자 회사들과의 경쟁이다. 종자 회사들은 막대한 자본과 첨단 기술을 바탕으로 더 높은 수확량을 약속하는 품종들을 내놓고 있다. 또한 특허권을 통해 자신들의 종자를 보호하면서 농민들의 자체 종자 개발을 제한하려 한다. 제도적인 한계도 있다. 많은 나라에서 종자의 상업적 유통을 위해서는 까다로운 인증 절차를 거쳐야 한다. 이는 대기업에는 문제가 되지 않지만, 농민 조직에는 큰 부담이다. 결과적으로 많은 농민 개발 품종들이 현재 '비공식' 영역에 머물러 있다.

이런 운동들이 던져 주는 첫 번째 시사점은 과학기술의 주체에 관한 것이다. 브라질 농민들은 농업 연구의 주체가 되었고, 남아프리카공화국의 에이즈 감염인들은 의학 지식 생산에 참여했으며, 필리핀 농민들은 새로운 품종을 개발했다. 이들은 더 이상 과학기술의 수동적 수용자가 아니라 적극적인 생산자가 되었다. 이들은 전문가의 지식을 거부하지 않으면서 자신들의 필요와 조건에 맞게 그 지식을 재해석했다. 두 번째는 지식의 공유와 확산 방식에 관한 것이다. 이들은 하나같이 네트워크를 통한 수평적 확산을 추구했다. MST의 농민 대 농민 교육, 치료행동캠페인의 치료 문해력 실천가들, 필리핀의 마시파그가 모두 그랬다. 이는 특허나 지적재산권으로 지식을 사유화하는 현재의 지배적 모델과 전혀 다른 방식이다.

하지만 이런 운동의 한계는 분명했다. 대부분이 정부 지원이나 외부 기금에 의존할 수밖에 없었고, 이는 활동의 지속성을 위협했다. 기존의 제도적·경제적 구조와 충돌하면서 대안적 영역에 머무르는 경우가 많았다. 어떤 의미에서 이들의 실험은 자본주의적 과학기술 체제의 한계를 역설적으로 보여 줬다.

오늘날 이러한 대안적 과학기술 운동들은 새로운 도전에 직면해 있다. 신자유주의적 세계화 속에서 과학기술은 점점 더 자본의 통제 아래로 들어가고 있다. 거대 기업들은 특허와 지적재산권을 무기로 지식의 사유화를 강화하고 있으며, 연구개발은 시장 논리에 종속되고 있다. 또한 기후 위기와 생태계 파괴라는 전 지구적 위기 속에서 기존의 성장 중심적 기술 패러다임 자체를 근본적으로 재고해야 할 필요성이 제기되고 있다.

앞으로의 과제는 이러한 대안적 실천들을 어떻게 확장하고 연결할 것인가이다. 개별 지역이나 부문을 넘어선 전 지구적 연대가 필요하며, 동시에 과학기술 체제 전반의 구조적 전환을 위한 정치적 전략이 필요하다. 이는 '과학기술을 누가, 누구를 위해 발전시킬 것인가?'라는 근본적 질문과 맞닿아 있다.

10
소수자와 과학
인공지능의 편향된 공부법

장애와 과학기술

길을 지나다 마주치는 전동휠체어는 보행이 힘든 이들에게 필수품이나 다름없다. 1950년대에 최초로 개발되었고, 1990년대 이후 보급이 확대되었다. 배터리 기술이 발전하면서 전동휠체어가 가벼워지고 오래 가고 싸졌다. 한국에서 전동휠체어가 급속히 확산한 결정적인 계기는 2003년 국민건강보험 급여 품목이 되면서부터다. 이에 더해 정부 지원 정책이 확대되면서 보급 속도가 빨라졌다.

여기서 몇 가지 생각해 볼 점이 있다. 전동휠체어가 아무리 좋아져도 장거리 여행을 휠체어로만 하기에는 무리가 있다. 한국에서 전동휠체어로 움직이는 거리는 보통 한두 버스 정거장 정도다. 멀리 움직일 때는 저상버스나 지하철, KTX를 이용한다. 전동휠체어를 타고 승차할 수 있는 고속버스는 거의 없어서 이용이 어렵다.

이런 측면에서 서울은 휠체어를 타는 이들에게 가장 이동이 쉬운 곳이다. 진짜 쉽다는 뜻은 아니다. 다른 지방에 비해 쉽다는 것이다. 지하철역이 촘촘하게 있고 노선이 다양하며, 역 대부분에 엘리베이터가 있다. 저상버스 보급률도 가장 높다. 인구밀도가 높다 보니 편의점, 마트, 주민센터 등이 가까이 있고 동네 공원이나 뒷산에 배리어프리(barrier-free)[40]인 곳이 꽤 된다. 그런데도 전동휠체어로 가기 힘든 곳이 있다. 경사로가 없는 가게나 건물의 턱, 계단, 그리고 아주 가파른 경사로다.

휠체어가 계단을 이동할 수 있도록 기술 혁신이 이루어지면 어떨까? 실제로 그런 기술을 개발하는 곳이 있다. 그러면 이동 문제가 해결될까? 초기에는 수요가 적어서, 대량 생산이 되질 않아서, 정부 보조가 없어서 휠체어 가격이 비쌀 것이고 당연히 돈 있는 소수만 이용할 수 있을 것이다. 이렇게 같은 장애를 가졌더라도 부유한 정도에 따라 이동의 품질이 달라진다. 사실 이는 지금도 마찬가지다. 전동휠체어로 가기 힘든 지방이라도 장애인 자가용을 가지고 있거나 운전기사가 있다면 별문제 없다. 저상버스가 없어도 상관없다. 자기 차로 가면 된다.

이런 기술의 개발은 한편으로는 환영해야 한다. 계단을 오를 수

---

40 배리어프리는 장애인, 고령자, 임산부 같은 사회적 약자들의 사회생활에 지장이 되는 물리적인 장애물이나 심리적인 장벽을 없애기 위해 실시하는 운동 및 시책을 말한다. 일반적으로 장애인의 시설 이용에 장애가 되는 장벽을 없앤다는 뜻으로 사용되고 있다.

있는 전동휠체어가 삶의 질을 바꿀 수도 있으니까. 하지만 이런 기술로 장애를 '극복'하는 과정은 사회적 문제를 개인에게 돌리는 것이기도 하다. 이런 기술의 도입보다 저상버스를 전면적으로 도입하고, 지하철마다 엘리베이터를 설치하고, 모든 건물에 경사로를 설치하고, 장애인 전용 콜택시를 늘리는 것이 장애인에게 훨씬 더 필요하다. 이것은 사회의 의무다. 사회가 해야 할 몫을 장애인 개인에게 맡기는 태도는 올바르지 않다. 기술 개발이 필요 없다는 말이 아니다. 기술 개발을 핑계로 지금 해야 할 일을 외면해서는 안 된다는 말이다.

요사이 주목받는 장애 관련 기술로 '웨어러블 로봇(Wearable Robot)'이 있다. 두 가지 종류가 개발되고 있다. 하나는 근력을 보충하는 로봇이다. 근력이 약한 사람이 지팡이나 보행 보조 장치에 의존하지 않고 걸을 수 있도록 돕는 '입는 로봇'이다. 다른 하나는 두 다리와의 신경 연결이 끊긴 하반신 마비 장애인용으로, 뇌와 다리 사이에 정보가 오갈 수 있도록 해서 보행할 수 있게 하는 로봇이다. 근력 보조 장치는 이미 상용화 초입에 들어섰고, 하반신 마비 장애인을 위한 장치는 초기 개발 단계에 성공했다.

다른 기술들도 개발 중이다. 청각장애인을 위한 인공 달팽이관은 이미 나왔고, 상대방의 말을 안경 렌즈에 보여 주는 스마트 안경 기술, 수화를 텍스트나 음성으로 변환하는 인공지능 시스템, 뇌-컴퓨터 인터페이스를 통해 뇌 신호를 직접 해석해서 소리를 인식하는 연구가 진행 중이다. 시각장애인을 위한 기술도 개발 중이다. 카메라로 촬영한 이미지를 설명하는 애플리케이션, GPS와 센서를 이용해 방향을 안내하는 스마트 지팡이, 뇌-컴퓨터 인터페이스를 이용해 카메라로 촬영한 영상을 뇌에 직접 전달하는 기구 등이다.

이런 기술들은 참 훌륭하다. 실제 사용할 수 있다면 장애인들의 불편이 많이 나아질 것이다. 그러나 앞선 사례와 마찬가지로 이 기술들 개발을 핑계로 지금 해야 할 일을 외면해서는 안 된다. 시각장애인과 청각장애인이 배제되지 않는 사회를 만드는 것이 우선이다. 그런데 이런 미래 기술을 이야기할 때의 뉴스와 콘텐츠의 전제는 늘 '미래'에는 좋아진다는 것이다. 지금 당장 불편한 사람들에게 말이다.

또 하나 생각할 문제는 장애인의 노동권이다. 한국의 법에 따르면 일정 규모 이상의 사업장에서는 장애인을 일정 비율 고용해야 한다. 장애인고용촉진및직업재활법에 따르면 50인 이상의 근로자를 고용하는 사업주와 공공기관 및 지방 공기업은 각각 상시 근로자 중 3.1%, 3.6% 이상 장애인을 고용할 의무가 있다. 고용 의무를 초과해서 고용하면 장려금을 지원받고, 반대로 덜 고용하면 부담금을 납부해야 한다. 돈으로만 보자면 고용하는 것이 정상이다. 하지만 실제로 대부분의 민간 기업은 부담금을 납부하는 방법을 택한다. 여러분이 일하는 직장에도 실제로 장애인은 소수에 불과할 것이다.

여러 이유가 있지만 간단하게 정리하면, 부담금을 내는 편이 기업에 이익이기 때문이다. 가령 보행 장애인을 고용하면 출퇴근 버스를 저상버스로 바꿔야 한다. 공장이나 사무실에 경사로를 설치해야 하고 엘리베이터가 필요하다. 시각장애인이나 청각장애인을 고용할 때는 이들이 일할 수 있는 환경을 만들어야 한다. 공장에서도 사무실에서도 마찬가지다. 이렇게 장애인을 고용하겠다고 생각하는 순간 돈이 든다. 구글이나 마이크로소프트 같은 외국계 IT 기업들은 장애인 채용에 적극적이다. 이들이 특별히 선한 의지가 있어서가 아니다. 장애인을 고용하지 않으면 큰 제재를 받기 때문이다.

현재 한국의 사무실과 공장 대부분은 처음부터 장애인을 배제한 채 설계되었다. 공장의 작업대 높이부터 사무실의 책상 배치, 회의실 구조, 심지어 화장실까지 모두 비장애인 기준으로 만들어졌다. 이런 환경을 바꾸는 데 돈이 많이 든다고 하지만, 처음부터 장애인을 고려해 설계했다면 추가 비용은 많이 들지 않을 것이다.

최근에는 재택근무나 원격 근무 기술이 발전하면서 장애인 고용이 늘어날 것이라 기대한다. 실제로 코로나19 이후 많은 기업이 재택근무 시스템을 갖추었고, 이는 분명히 장애인 고용에 긍정적 영향을 끼칠 수 있다. 그러나 이 또한 개인에게 책임을 떠넘기는 방식이 될 수 있다. '이제 재택근무가 가능하니 회사는 시설을 개선할 필요가 없다'라는 식의 논리로 이어질 수 있다.

장애인 노동권 문제에는 '장애인은 단순한 업무에만 종사할 수 있다'라는 편견도 한몫한다. 하다못해 이 글을 쓰면서 인공지능(클로드3.5)에 장애인 고용률이 낮은 이유를 물었더니, "자동화, 디지털화로 인한 단순노동 직종의 감소"와 "새로운 기술 환경에 적응할 수 있는 장애인 인력 양성의 어려움"을 예로 들었다. 이는 장애인을 '돌봄'의 대상으로만 보는 시각이 얼마나 깊이 뿌리박혀 있는지를 보여 준다. 장애인을 동등한 사회 구성원이 아니라 보호받아야 할 대상으로만 보는 시각은 기술 개발에 그대로 반영된다. 대부분의 장애인 관련 기술은 '돌봄' 기술에 집중되어 있다.

그러나 실제로 많은 장애인이 고도의 전문성을 요구하는 직종에서 활약하고 있다. 스티븐 호킹(Stephen William Hawking)은 중증 장애를 안고도 현대 물리학의 지평을 넓혔고, 스티비 원더(Stevie Wonder)처럼 수많은 시각장애인 음악가가 뛰어난 연주를 들려주었다. 청각장애인 프로그래머, 지체장애인 변호사, 발달장애인 예술가 등 '장애인은 단순 업무만 할 수 있다'라는 편견을 깨는 사례는 수없이 많다.

문제는 이런 사례들이 오히려 '극복 신화'로 미화되면서 장애인 개인의 특별한 노력으로 환원되어 버린다는 점이다. '저렇게 열심히 하면 되는데'라는 식의 논리는 다시 장애인 개인에게 책임을 전가하는 결과를 낳는다. 마치 전동휠체어나 웨어러블 로봇 같은 첨단 기술이 개인의 선택과 책임으로 귀결되는 것처럼 말이다. 더구나 이런 '성공 사례'들은 대부분 상당한 경제력과 지원을 받을 수 있었던 경우가 많다. 호킹이 사용한 최첨단 의사소통 장치나 고가의 보조공학 기기를 모든 장애인이 사용할 수는 없다. 여기서도 경제적 격차가 기회의 격차로 이어진다.

우리에게 필요한 것은 이런 편견을 깨고 모든 장애인이 자신의 능력과 적성에 맞는 일을 할 수 있는 환경을 만드는 것이다. 이는 단순히 기술의 문제가 아니다. 교육 기회의 평등, 취업 차별 해소, 직장 내 편의시설 확충 등 종합적인 사회적 접근이 필요하다.

결국, 핵심은 기술의 발전이 아니라 사회의 변화다. 장애인의 이동권과 노동권은 첨단 기술로 해결할 문제가 아니라, 우리 사회가 기본적으로 보장해야 할 권리다. 전동휠체어든 웨어러블 로봇이든 이런 기술들은 보완재일 뿐 대체재가 될 수 없다. 저상버스와 엘리베이터 설치, 경사로 확보, 장애인 고용 환경 개선 같은 기본적인 조치를 미루면서 미래의 기술 발전만 기다리는 것은 책임 회피일 뿐이다.

더구나 이런 기술들은 대부분 고가의 장비다. 정부 지원이 없다면 개인이 감당하기 어려운 수준이다. 장애인 개인의 경제력에 따라 이동권과 노동권이 차등적으로 주어지는 셈이다. 우리 헌법이 보장하는 평등권에 명백히 어긋난다. 기술은 장애인의 권리를 보장하는 보조 수단이어야지 그 자체가 새로운 차별의 기준이 되어서는 안 된다.

기후 위기와 과학기술

사회적 의제에는 이런 문제점이 꽤 많다. 기후 위기 극복 과정에서 전기에너지 문제가 대표적이다. 기후 위기 해결을 위해서는 산업 현장 등에서 쓰는 각종 화석연료를 전기에너지로 대체하는 것, 곧 전기화가 중요하다고 이야기한다. 자동차를 전기차로, 공장에서 연료로 쓰는 석탄이나 석유 등을 모두 전기로나 전기 모터로 대체해야 한다는 것이다. 맞는 말이다.

그런데 이렇게 전기화를 진행하려면 당연히 전력 소모량이 늘어난다. 그리고 전력 소모량이 늘어나면 아무리 재생에너지를 기존 계획대로 늘려도 화력발전소를 폐쇄하기 어렵다. 생산량이 늘어나도 소모량이 함께 늘어나면 그 차이가 줄어들지 않기 때문이다. 두 가지 해결책이 있다. 하나는 전력 생산량을 아주 빠르게 늘리는 방법이다. 태양광발전을 늘리고 풍력발전을 늘리자. 뭐 이런 주장이다. 당연히 더 많은 투자가 필요하다.

다른 하나는 전력 사용량을 줄이는 방법이다. 기후 위기 대응의 전제는 이미 쓰고 있는 에너지를 얼마나 줄일 것인가이다. 집 냉장고에 무언가가 꽉 차 있으면, 냉장고를 하나 더 사기 전에 내용물을 줄이는 것이 먼저다. 하지만 성장률에 목매는 이들이 그렇게 할 리 없다. 전력 사용량을 줄이기 위한 정책은 별로 보이지 않는다. 대신 더 많은 전기, 더 많은 전기만을 이야기한다.

물론 이들이 전기 절약을 말하지 않는 것은 아니다. 단지 그 절약의 대상이 '개인'일 뿐이다. 개인에 대해서도 전기 코드 뽑기 같은 자발적 절약만을 이야기한다. 하지만 전력 사용량을 줄이기 위해서 개인의 자발적인 절약을 이야기하기 전에 정부 정책을 바꿔야 한다. 정부는 각종 정책을 충분히 만들 수 있다. 건물 단열 기준을 높이고, 제품의 전력 효율을 따져 일정 효율에 미달하는 제품은 팔 수 없게 하고, 효율이 떨어지는 SUV 등에는 세금을 더하고 등등. 이렇게 에너지 효율화를 추구하면 기술 개발은 자연스레 뒤따르기 마련이다. 무엇을 연구할 것인가는 사회경제적 요구에 따라 정해진다.

자세히 살펴보자. 전기를 아껴야 하는 이유는 기후 위기 말고도 많다. 예를 들어 스마트폰은 이전의 휴대전화보다 훨씬 많은 전기 에너지를 소비한다. 광고에서 말하는 훨씬 선명한 화면, 큰 화면은 그만큼 전력을 많이 소모한다는 뜻이다. 지금 쓰는 휴대전화는 대부분 5G로, 이전 세대인 LTE에 비해 빠르고 대량 전송이 가능하지만 그만큼 전기가 많이 든다. 휴대전화의 두뇌 역할을 하는 칩을 AP라 하는데 이것도 성능이 좋아졌다.

그러면 휴대전화 만드는 회사는 어떻게 대응해 왔을까? 더 적은 전력으로 휴대전화를 사용할 수 있도록 뼈를 깎는 노력을 펼쳤다. AP는 이전보다 더 많이 일하면서도 저전력으로 설계되었다. 디스플레이도 마찬가지다. 그리고 배터리 만드는 회사는 어떻게든 같은 부피에 더 많은 용량을 챙기려고 기를 썼다. 수조 원의 연구비를 투자했다. 그런 노력이 지금의 스마트폰을 만들었다.

건설이나 자동차 분야도 마찬가지다. 집의 벽과 창문을 통해 열이 새어 나가거나 밖의 더위가 들어오는 것을 막는 일이 집을 지어 팔 때 핵심적인 조건이 되면, 당연히 건설 회사는 그를 위한 연구를 어떻게든 해내고 실현할 것이다. 자동차 연비 기준을 강화하고 그에 따른 벌금과 인허가 조치가 취해지면 자동차 회사는 기를 쓰고 그 기준을 달성하려 할 것이다. 이런 과정에서 관련 기술이 개발되고 축적될 것이다.

현재 한국과 유럽의 큰 차이 가운데 하나가 '에너지 집약도'다. 에너지 집약도란 보통 GDP 대비 에너지 소비량을 나타낸다. 쉽게 말해 GDP 1달러를 버는데 에너지를 얼마나 썼냐는 것이다. 가장 낮은 나라는 덴마크로 0.045kg이다. 영국이나 독일은 0.04~0.05kg이다. 일본은 0.7kg 정도고, 미국은 워낙 에너지를 펑펑 쓰는 나라라서 0.1kg 정도다. 한국은 0.12kg이다. 주요 선진국 중 최고로 높다. 물론 한국이 제조업 중심의 경제라는 조건이 있지만 그것만으로 이런 높은 비율을 설명할 수는 없다. 가장 큰 원인은 정부와 사회의 에너지 절감에 대한 절박성 부족이다.

이런 사례들은 기후 위기 대응에 시사하는 바가 크다. 스마트폰처럼 실질적인 압박이 있다면, 기업은 에너지 효율을 높이기 위해 기술 혁신에 투자할 수밖에 없다. 하지만 현재 한국의 기업들은 그런 압박을 거의 느끼지 못한다. 오히려 정부가 나서서 전기요금을 낮게 유지하고 기업들의 에너지 과소비를 보조하는 실정이다.

여기서 우리가 주목해야 할 것은 기술 발전의 방향이다. 지금의 과학기술은 '더 많은 생산', '더 많은 소비'를 향해 달려가고 있다. 새로운 기술이 나올 때마다 에너지 소비는 늘어난다. 인공지능 서버를 돌리는 데 드는 전력량은 이미 심각한 수준이고, 메타버스나 가상현실 기술이 상용화되면 전력 소비는 폭증할 것이다. 문제는 이런 기술 발전을 불가피한 것처럼 이야기한다는 점이다. 기술의 발전 방향이 정해져 있고 우리는 그저 따라가기만 하면 된다는 식이다. 하지만 앞서 보았듯이, 기술 발전의 방향은 사회적 요구에 따라 얼마든지 바뀔 수 있다. 스마트폰 제조사들이 배터리 효율을 높이기 위해 투자하는 것처럼, 사회가 요구한다면 기업들은 에너지 효율을 높이는 방향으로 기술을 발전시킬 수밖에 없다.

기후 위기 대응에서 과학기술의 역할은 제한적이다. 재생에너지 기술을 발전시키는 것도 중요하지만, 에너지 소비 구조 자체를 바꾸는 것이 더욱 중요하다. 이는 기술의 문제가 아니라 정치적·사회적 결단의 문제다. '기술이 발전하면 알아서 해결될 것'이라는 안일한 태도로는 기후 위기를 막을 수 없다. 오히려 이런 기술결정론적 사고가 실질적인 변화를 가로막고 있을지 모른다. 새로운 기술만 개발하면 된다는 식의 사고는 지금 당장 필요한 에너지 절감과 산업구조 전환을 미루는 구실이 될 뿐이다. 우리는 과학기술의 발전이 기후 위기 해결의 충분조건이 아니라 필요조건의 하나라는 점을 분명히 인식해야 한다.

기후 위기의 약자

기후 위기와 관련한 거짓말 중 하나가 '기후 위기의 피해자는 인류 모두'라는 것이다. 그러나 기후 위기는 모두에게 똑같은 영향을 끼치지 않는다. 사회적 약자들이 입는 피해가 더 크다. 무더위가 찾아왔을 때 에어컨을 켜지 못하는 저소득층, 홍수가 났을 때 반지하 주택에 사는 주민들, 미세먼지가 심할 때 야외 노동을 하는 노동자들이 첫 번째 피해자가 된다. 2022년 서울의 폭우로 반지하 주택에서 일가족이 사망한 사건은 이런 불평등한 피해의 극단적 사례다.

기후 위기는 이처럼 재난 불평등을 극명하게 드러낸다. 더운 날씨에도 쿨루프(cool roof)를 시공할 수 없는 저소득층 주거지역이 도시 열섬 현상의 직격탄을 맞고, 무더위 쉼터는 대부분 도심에 집중되어 있어서 교외 노인들은 혜택을 받기 어렵다. 태풍이나 홍수가 오면 저지대 주거지가 먼저 침수되고, 대피 시설은 노인과 장애인의 접근성을 고려하지 않은 채 설계된다.

과학기술은 이런 문제를 해결할 수 있을까? 냉방 기술이 발전하고 기상 예측은 정교해지며, 미세먼지 마스크의 성능은 좋아지고 있다. 인공지능 기반 재난 예측 시스템이 개발되었고, 도시 전체의 기후 데이터를 실시간으로 수집하는 스마트시티 기술이 등장했다. 하지만 이런 기술의 혜택을 누릴 수 있는 이들은 경제적 여유가 있는 사람들이다. 경제적 여유가 있는 집의 고성능 공기청정기 및 시스템에어컨과 저소득층 가정의 선풍기 한 대는 같은 무더위에 전혀 다른 삶의 질을 만든다.

더구나 이런 첨단 기술들은 대부분 도시 중산층의 생활양식을 전제로 설계된다. 스마트폰으로 에어컨을 원격 제어하는 기술이 노숙인에게 무슨 소용이 있을까? 전기요금 절약을 위한 스마트미터(Smart meter)가 월세에 전기세가 포함된 고시원 주민에게 어떤 도움이 될까? 재난 경보를 스마트폰 앱으로 전송하는 시스템은 디지털 기기 사용이 익숙하지 않은 노인들에게 그림의 떡일 뿐이다.

더 큰 문제는 기술 발전이 오히려 이런 격차를 키울 수 있다는 점이다. 기후 위기 대응을 위한 친환경 기술들은 대부분 고가다. 전기차, 패시브하우스(passive house),[41] 태양광 패널 등은 모두 초기 비용이 많이 든다. 정부 보조금이 있지만 상당한 자부담이 필요하다. 기후 위기 대응 기술이, 탄소중립이라는 시대적 과제가 오히려 부자들의 환경 프리미엄으로 이어지고 있다.

이런 상황에서 우리가 주목해야 할 것은 기후 위기 대응 기술의 공공성이다. 지금처럼 기업의 이윤 추구에만 맡겨 둔다면, 기후 위기는 사회 불평등을 심화하는 계기가 될 뿐이다. 그 가운데 재난 대응 시스템의 공공성 강화가 가장 시급하다. 예를 들어 서울시는 도시 전체의 기상 데이터를 모으는 사물인터넷 센서망을 구축하고 있지만, 정작 이 데이터의 활용을 스마트시티 솔루션을 만드는 민간

---

41 패시브하우스는 최소한의 냉난방으로 적절한 실내 온도와 습도를 유지할 수 있게 설계된 주택을 말한다.

기업들에 맡겨 두고 있다. 오히려 취약 계층 밀집 지역의 재난 위험을 실시간으로 감지하고 대응하는 공공 시스템을 만드는 데 이 데이터를 활용해야 하는 것 아닐까?

주거 부문의 에너지 효율화도 마찬가지다. 단열 성능이 떨어지는 노후 주택의 에너지 효율화는 시급한 과제다. 하지만 정부가 추진하는 그린 리모델링(Green Remodeling) 사업은 개별 건물주의 신청에 의존하다 보니 정작 필요한 곳에 혜택이 가지 않는다. 차라리 행정기관이 취약 계층 밀집 지역의 에너지 효율 실태를 조사하고 시급한 곳부터 공공 주도로 개선하는 방안이 필요하지 않을까?

교통 부문은 더욱 심각하다. 전기차 보급이 늘어나고 있는데, 이를 개인 승용차 중심으로만 확대하고 있다. 오히려 서민들이 주로 이용하는 시내버스나 마을버스부터 전기차로 전환해야 한다. 실제로 영국 런던은 2025년까지 모든 시내버스를 전기버스로 교체한다는 목표로 전환을 진행 중이다. 대중교통의 친환경화야말로 기후위기 대응의 형평성을 높이는 길이다. 그리고 대중교통 이용의 편의성을 높이는 것 또한 중요한 과제다.

기후 위기 대응 기술의 개발과 보급은 공공 연구 기관이 주도해야 한다. 민간 기업은 수익성이 보장된 분야에만 투자하기 마련이다. 예를 들어 저소득층 주거지의 단열 성능을 높이면서 시공비를 최소화할 수 있는 기술, 노후 주택의 에너지 효율을 진단하고 개선하는 기술 등을 공공 부문이 나서서 개발해야 한다.

그러나 공공 부문의 역할만으로는 부족하다. 기후 위기 대응의 핵심은 결국 시민들의 자발적인 참여다. 실제로 곳곳에서 의미 있는 움직임들이 일어나고 있다. 예를 들어 서울의 성대골 마을은 주민들이 자발적으로 '에너지 자립 마을'을 만들고 있다. 건물 단열을 개선하고, 태양광 패널을 설치하고, 에너지 절약 교육을 하면서 마을 전체의 에너지 소비를 줄여 나간다. 그 밖에 여러 지역에서 시민들이 협동조합을 만들어 기후 위기에 대응하고 있다. 태양광발전협동조합을 만들어 공동으로 재생에너지를 생산하고 자전거 공유 시스템을 운영한다. 이런 움직임은 단순히 기술 도입을 넘어 지역 공동체를 강화하고 기후 위기에 대한 시민들의 인식을 높이는 데 이바지한다.

기후 위기 시대의 과학기술은 '누구를 위한 기술인가?'라는 질문에서 출발해야 한다. 단순히 기술 개발을 서두른다고 해서 문제가 해결되지 않는다. 기술의 혜택이 모든 시민에게 돌아갈 수 있는 제도와 정책이 필요하고 시민들의 주도적 역할이 필요하다. 기후 위기의 피해를 가장 많이 받는 이들이 오히려 대응 수단에서 배제되는 역설을 더 이 방치해서는 안 된다.

소버린 AI, 인공지능과 소수자

인공지능 열풍이 무서울 정도다. 모든 분야가 어떻게든 인공지능과 관계를 맺으려 애쓰고 있다. 그런 와중에 '소버린 AI'라는 용어가 자주 등장한다. 소버린(sovereign)은 영어로 주권을 의미한다. 소버린 AI는 한 국가가 자국의 데이터나 인프라 등을 활용해 지역 언어와 문화, 가치관 등을 반영해 만드는 인공지능을 가리킨다.

소버린 AI가 주목받는 이유는 현재의 인공지능을 미국의 빅테크 기업 일부가 주도하는 것에 대한 불만과 우려 때문이다. 인공지능 하면 떠오르는 기업이 오픈AI, 마이크로소프트, 구글, 메타(페이스북 운영사) 등이다. 모두 미국의 민간 기업이다. 소버린 AI에 대한 우려는 인공지능이 사회와 산업 전반에 미치는 영향을 생각하면 당연하다.

이미 정보통신에서는 이런 일이 비일비재하다. 중국의 반도체 산업 발전을 가로막는 미국 정부의 모습이 이를 보여 준다. 가령 한국의 삼성전자와 SK하이닉스는 미국 정부가 첨단 반도체를 중국에 팔지 말라고 하면 못 판다. 네덜란드 기업인 ASML은 미국의 요구에 최첨단 반도체 제조 장비를 팔지 않으며, 이미 판 물건에 대한 유지·보수 업무를 하지 않는다. 기업이야 어디든 팔아 매출을 올리는 것이 좋지만 미국이 금지하면 팔 수가 없다.

미국이 깡패라서가 아니다. 미국의 주요 기업들이 반도체와 관련한 표준필수특허를 가장 많이 가지고 있기 때문이다. 반도체를 처음 만든 기업은 미국 기업이고, 압도적인 기술로 반도체 산업을 이끌어 간 나라는 미국이다. 1980년대에 일본이 치고 나가지만 메모리 반도체 부문이었고, 인텔이나 AMD 등 핵심적인 칩을 만드는 기업은 모두 미국이었다. 반도체 관련 연구의 최첨단 영역도 미국 몫이 가장 크다. 현재는 쪼그라든 것처럼 보이지만, 반도체 제조와 관련한 기업은 미국이 가장 많다. 한국이나 네덜란드 등의 반도체 기업은 이들의 특허를 허락받아 쓰고 있다. 미국이 이 특허 사용을 허락하지 않는다면 만들 수도 팔 수도 없다. 미국이 주도하는 대중국 제재에 협력하지 않을 수 없다.

이런 상황을 보면서 유럽이나 일본, 중국, 한국 등 세계에서 기술로 앞서간다고 생각하는 나라들은 인공지능 분야에서 같은 일이 반복되면 안 된다고 생각했다. 그래서 자국의 언어와 문화적 가치를 지키기 위해 독자적인 인공지능을 확보해야 한다는 주장이 힘을 받았다. 한국의 네이버와 프랑스의 미스트랄AI는 자신을 소버린 AI라 자처한다. 중국은 문샷AI, 인도는 크루트림, 핀란드는 사일로 등이 인공지능을 개발했고, 일본이나 러시아, 아랍에미리트, 싱가포르 등은 개발을 추진하고 있다.

실제 미국 빅테크 기업이 개발한 인공지능은 정도의 차이는 있지만, 비슷한 문제를 안고 있다. 우선, 영어권 데이터를 중심으로 학습하다 보니 영어권에 치우친 정보 편향이 나타난다. 가령 어떤 식물에 대한 정보를 찾으면 미국이나 유럽의 식물에 대한 정보를 한국의 고유종에 대한 정보보다 훨씬 자세하게 제시한다.

다음으로, 사례에 대한 분석에서 서구 중심적 경향을 보인다. 가령 내가 사용하는 인공지능(클로드3.5)한테 '대항해시대'에 대해 질문하면, '경제적 영향'이란 항목에서 "유럽과 아시아, 아메리카 간의 무역 확대, 새로운 작물과 상품의 교류, 중상주의 경제체제의 발달"
이라고 답한다. "그런데 너무 유럽 중심적인 평가 아니냐?"라고 내
가 반문하면, 다시 "글로벌 무역 네트워크의 변화, 부의 재분배, 식
량 혁명, 노동력의 강제 이동, 지역 경제의 붕괴와 재편, 기술과 지
식의 교류, 새로운 경제 중심지의 부상, 장기적 경제 불균형"이라는
이전보다 균형 잡힌 답변을 한다. 그러나 이 답변 또한 균형을 가장
한 불균형일 뿐이다. 왜냐하면 대항해시대란 실제로 유럽의 폭력적
인 확장 전략이기도 하기 때문이다.

이렇게 인공지능은 아프리카와 남북아메리카, 인도와 동남아시
아에 대한 무역을 가장한 폭력과 식민지 지배 전략에 대해서는 크
게 언급하지 않는다. 물론 '좌파적 입장', '진보적 시각'에서 평가하
라고 하면 다른 이야기를 한다. 하지만 기본값으로 나오는 답변은
서구 주류 사회의 눈으로 본 이야기다. 인공지능이 서구 주류 사회
의 시각에서 작성된 데이터를 학습한 결과다. 그러면 이 문제가 과
연 영어권 데이터에서만 나타날까?

이런 편향은 사회 전반에서 나타난다. 가령 인공지능이 'CEO'란
단어와 관련한 이미지를 생성할 때 주로 남성 이미지를 만들고, 인
공지능을 활용한 직업 추천 시스템에서 간호사는 여성, 엔지니어는
남성에게 더 자주 추천하는 모습은 인공지능의 성별 편향을 보여
준다. 또 얼굴 인식 기술은 백인은 잘 인식하지만, 흑인이나 아시아
인은 잘 인식하지 못한다. 그리고 추수감사절 같은 서양 명절은 잘

설명하지만, 다른 나라 명절에 대해서는 정보가 부족하고 그릇된 설명이 늘어난다. 그중에서 일본, 중국, 한국 등 미국과 교류가 활발하고 비교적 데이터가 많은 나라는 그나마 낫지만, 자기들과의 관련성이 적은 나라는 심하다. 할루시네이션(Hallucination)[42]도 그렇다. 이 글을 쓰면서 인공지능을 꽤 많이 이용했는데 제3세계, 그중에서 중남미가 아닌 동남아시아나 아프리카 등에 대한 답변에 할루시네이션이 더 심했다. 이런 편향은 여성, 장애인, LGBTQ, 난민, 소수 인종, 노인, 저소득층 등 소수자와 관련한 문제에서 광범위하게 나타난다. 이미 편향적인 자본주의 사회의 데이터로 학습하는 언어 모델의 한계라 할 수 있다.

이런 문제를 소버린 AI로 해결할 수 있을까? 전혀 그렇지 않다. 우선, 데이터의 구조적 편향 문제가 있다. 대규모 언어 모델은 이미 존재하는 텍스트로 학습한다. 그런데 이 데이터 자체가 이미 사회의 구조적 불평등과 편견을 반영하고 있다. 한국이나 일본의 데이터가 미국의 데이터보다 앞서 있을까? 전혀 그렇지 않다. 오히려 더 고루한 시각으로 작성한 데이터가 많을 가능성이 크다. 문제는 주류 중심의 지식 구조다. 서구 중심의 주류 가치관이 데이터에서 과다 대표된다.

---

42 할루시네이션은 인공지능 모델이 실제로는 존재하지 않거나 부정확한 정보를 마치 사실인 것처럼 생성하는 현상이다. 매우 구체적이거나 드문 정보를 요구받을 때 발생하기 쉬우며, 이는 인공지능이 학습 데이터의 패턴을 바탕으로 그럴듯한 답변을 만들어 내려는 경향 때문이다.

더구나 이런 데이터에는 현재 생성된 것만이 아니라 과거에 만들어진 것이 많다. 우리 사회가 그렇듯이 대부분의 사회에서 예전에 생성된 데이터는 역사적으로 존재해 온 차별적 요소를 그대로 가지고 있다. 남존여비, 흑인 비하, 장애인에 대한 조롱, 성소수자에 대한 혐오 등이 학습에 반영될 수밖에 없다. 그리고 소수자 데이터는 어느 사회를 막론하고 부족하다. 소수자의 경험을 담은 자료가 적고 소수자의 시각을 반영하는 자료가 적다. 반대로 소수자에 대한 혐오와 차별을 담은 자료는 차고 넘친다. 또 경제 발전과 개발을 옹호하는 데이터는 넘치는데 환경과 생태를 주장하는 데이터는 적고, 신자유주의 시각의 자료는 좌파적 자료에 비해 훨씬 많다.

더 큰 문제는 소수자나 약자에 대한 인공지능의 편향이 결국 이들을 더 강력하게 배제하는 도구가 될 수 있다는 점이다. 인공지능을 활용하는 영역이 늘어날수록 이런 위험은 더욱 커진다. 채용 과정에서 인공지능이 장애인 지원자를 걸러 내거나, 금융 서비스에서 저소득층에 불리한 평가를 내리거나, 공공 서비스 분배 과정에서 성소수자를 차별하는 일이 벌어질 수 있다.

그렇다면 이런 문제를 해결하기 위해서는 어떻게 해야 할까? 인공지능 개발 기업들은 대개 '더 많은 데이터'를 해결책으로 제시한다. 소수자와 관련한 데이터를 더 많이 수집하면 편향성이 줄어들 것이라는 믿음이다. 하지만 이는 근본적인 해결책이 될 수 없다. 소수자 데이터를 더 많이 수집한다고 해서 기존의 차별적 구조가 사라지는 것은 아니기 때문이다.

가장 먼저 할 일은 다양성을 고려한 데이터를 모으는 것이다. 앞서 과학기술에서는 가장 먼저 '무엇을 연구할 것인가?'를 결정하는 과정 자체가 가치 판단을 전제한다고 말한 것처럼, 인공지능 개발에서도 '어떤 데이터를 가지고 학습할 것인가?'가 어떤 인공지능을 만들 것인가를 결정한다. 즉 인공지능의 편향성은 인공지능 자체에 의해서 만들어지지 않는다. 이를 예상하면서도 진행한 편의주의적이고 가성비만을 기준으로 삼은 개발 회사들에 의해서 소극적 혹은 적극적으로 만들어진다. 따라서 이를 해결하는 과정은 당연히 데이터의 선별을 전제한다.

여기서 우리는 인공지능 개발의 주체 문제로 다시 돌아가게 된다. 소버린 AI를 주장하는 이들은 주로 국가 단위의 기술 주권을 이야기하지만, 더 중요한 것은 인공지능 개발과 활용의 민주적 통제다. 인공지능이 사회에 미치는 영향력이 커질수록 이에 대한 시민사회의 감시와 참여를 강화해야 한다. 예를 들어 공공 부문 인공지능 도입 과정에는 반드시 시민이 참여하는 영향 평가를 선행해야 한다. 특히 소수자들이 직접 참여해 자기들의 관점과 필요를 반영할 수 있어야 한다. 그리고 민간 기업의 인공지능은 개발 과정에도 이해 당사자들의 의견을 수렴하는 절차가 필요하다.

다음으로, 인공지능 관련 데이터와 알고리즘의 투명성을 높여야 한다. 지금처럼 기업의 영업 비밀이라는 이유로 블랙박스처럼 감춰

둔다면, 인공지능의 편향성은 계속해서 재생산될 수밖에 없다. 특히 공공 부문에서 활용하는 인공지능은 그 의사결정 과정을 시민들이 이해하고 검증할 수 있어야 한다.

마지막으로, 인공지능 기술 자체를 다양한 주체들이 함께 개발하고 발전시키는 모델이 필요하다. 예를 들어 의료 인공지능은 의료진과 환자 단체가 함께 참여하는 모델을 개발할 수 있다. 교육 인공지능이라면 교사, 학부모, 학생의 의견을 반영해야 한다. 이는 의견 수렴을 넘어 기술의 방향 자체를 함께 결정하는 거버넌스의 문제다.

결국 소버린 AI 논의는 '누구의 주권인가?'라는 질문으로 이어져야 한다. 미국 기업들에 대항하는 국가 단위의 기술 개발을 넘어 인공지능 기술의 민주적 통제와 공공성 강화가 필요하다. 특히 인공지능이 소수자와 약자에게 또 다른 차별의 도구가 되지 않도록 이들의 목소리를 기술 개발 과정에서부터 반영해야 한다. 기술의 발전은 피할 수 없는 시대의 흐름이지만, 그 방향을 결정하는 일은 우리의 몫이다. 인공지능 기술이 진정으로 모두를 위한 기술이 되기 위해서는 기술 개발의 주체와 방식 자체를 민주화하는 것부터 시작해야 한다.

노인

'디지털 대전환'이 유행이다. 세상 모두가 디지털화된다고들 한다. 하지만 이런 변화가 모두에게 반갑지는 않다. 특히 노인들에게는 공포와 불안의 대상이 되고 있다. 이제는 많은 지하철 역사에서 창구 직원을 찾아보기 어렵다. 교통카드 구매부터 분실물 센터 찾기까지 모두 키오스크로 해결하라고 한다. 은행은 어떤가? 창구 업무를 줄이고 대부분의 일을 스마트폰 뱅킹으로 하라고 한다. 통장 정리하러 갔다가 "이제는 앱으로 하세요"라는 말을 듣고 돌아서는 노인들의 모습은 이제 흔한 풍경이 되었다. 식당에서도 마찬가지다. 대형 프랜차이즈는 물론 동네 식당까지 키오스크를 도입하고 있다. 심지어 일부 식당은 아예 계산대 직원 없이 키오스크로만 주문을 받는다. 밥 한 끼 하려다가 좌절감을 맛보고 돌아서는 노인이 있다.

인공지능과 빅데이터 기술의 발전은 또 다른 차원의 문제를 만든다. 요즘 국민건강보험공단이나 국민연금공단은 '맞춤형 서비스'라며 개인의 데이터를 분석해 다양한 정보를 제공한다. 하지만 이런 정보는 대부분 모바일 앱이나 웹사이트를 통해서만 확인할 수 있다. 정작 가장 필요한 노인은 접근조차 어렵다. 행정 서비스도 마찬가지다. 행정 서비스가 정부24나 복지로 같은 플랫폼으로 옮겨 가면서 노인들은 더욱 소외되고 있다. 코로나19 시기에 백신 예약이나 재난지원금 신청 과정에서 이런 문제가 극명하게 드러났다. 젊은 자녀들이나 손주들의 도움을 받아야 하는데, 이마저도 어려운 노인들은 그저 포기할 수밖에 없다.

정부와 지자체는 이런 문제를 '교육'으로 해결하려 한다. 노인들에게 디지털 기기 사용법을 가르치면 된다는 발상이다. 실제 주민센터마다 '디지털 배움터'를 운영하고 복지관에서 스마트폰 교육을 한다. 이런 교육이 필요 없다는 것은 아니다. 하지만 이는 문제의 본질을 비껴가는 접근이다. 왜 그럴까?

우선, 디지털화의 속도가 너무 빠르다. 노인들이 스마트폰 사용법을 배우는 사이에 새로운 기술이 등장하고, 새로운 앱이 생기고, 인터페이스가 바뀐다. 변화는 점진적이지 않다. 하루아침에 은행 창구가 없어지고, 지하철 매표소가 사라지고, 식당에는 키오스크와 테이블 오더 태블릿이 자리를 차지한다. 이런 디지털화가 비용 절감이라는 이름 아래 강요되고 있다. 간단하게 말하면, 일하는 사람을 잘라서 인건비를 줄이는 것이다.

다음으로, 기업은 이런 문제들을 또 다른 '시장'으로 본다. 노인을 위한 특별한 앱이나 기기를 만들어 팔려고 한다. 큰 글씨와 단순한 메뉴로 구성된 '효도폰'이 대표적이다. 이는 노인을 별개의 존재로 분리하고 낙인찍는 결과를 낳는다. 왜 모든 사람이 사용하는 기술을 노인도 쓸 수 있게 만들지 않고 노인만을 위한 '특별한' 기술을 만드는 것일까?

해결책은 간단하다. 디지털 기술을 도입할 때 아날로그 방식을 완전히 없애지 않는 것이다. 예를 들어 식당의 키오스크 옆에 종이 메뉴판을 두고 은행의 ATM 옆에 창구 직원을 두면 된다. 지하철역에서도 매표소 직원과 키오스크를 함께 운영하면 된다. 실제로 서울교통공사는 시민사회의 요구를 받아들여 무인 매표기 옆에 '도움벨'을 설치했다. 벨을 누르면 역무원이 와서 돕는다.

나아가 디지털 기술 자체를 모든 세대가 쓸 수 있게 만들어야 한다. 이는 단순히 글씨 크기를 키우거나 메뉴를 단순화하는 것이 아니다. 처음부터 노인을 포함한 모든 사용자의 관점에서 기술을 설계해야 한다. 그리고 이 과정에서 노인들을 단순한 사용자나 '테스터(tester)'가 아니라 기술 개발의 주체로 참여시키는 것이 중요하다. 흔히 공공기관이나 기업은 완성된 제품을 노인들에게 테스트하고 사용성을 평가하는 정도로 그친다. 이는 기술 개발의 마지막 단계에서 확인하는 절차일 뿐이다. 그러지 말고 기획 단계부터 노인을 참여시켜야 한다. 예를 들어 서울시가 스마트시티 사업을 기획하면서 노인회 대표들을 운영위원회에 포함시키는 것이다. 그러면 애초 계획한 앱 기반 시스템을 대폭 수정해 전통적인 대면 서비스와 디지털 서비스를 결합하는 방식으로 바꿀 수 있다. 또 시민단체가 '노인 디지털 자문단'을 구성해 운영하는 방법이 있다. 그러면 자문단은 새로운 디지털 서비스가 도입될 때마다 노인의 관점에서 문제를 지적하고 대안을 제시할 것이다.

이처럼 디지털 시대의 노인 문제 또한 기술이 아니라 사회의 문제다. 디지털 전환이 불가피하다고 해서 이를 노인에게 무조건 강요할 수는 없다. 오히려 모든 세대가 함께 살아갈 방법을 찾아야 한다. 그리고 그 방법을 찾는 과정에서 노인들을 수동적인 대상이 아니라 능동적인 주체로 만들어야 한다. 노인을 위한 '특별한' 기술이 아니라 모두를 위한 '보편적' 기술을 만드는 것, 그것이 진정한 의미의 디지털 포용이다.

그리고 이런 변화는 시민사회의 요구와 감시 속에서 이뤄져야 한다. 기업의 이윤 논리나 정부의 행정 편의에 휘둘리지 않으려면 시민들이 목소리를 내야 한다. 특히 노인 당사자들의 목소리를 강하게 반영해야 한다. 마치 저상버스가 장애인만을 위한 것이 아니듯, 디지털 기술의 보편적 설계 역시 모두를 위한 것임을 기억해야 한다.

이주민

노인과 함께 우리 사회의 디지털 전환에서 소외된 대표적인 이들이 외국인이다. 2023년 기준으로 한국에 체류하는 외국인이 200만 명을 넘어섰고, 다문화 가정 자녀는 30만 명을 향해 가고 있다. 하지만 한국의 기술 환경은 여전히 이들을 '예외적 존재'로 취급한다.

가장 기본적인 것부터 살펴보자. 관공서나 은행의 키오스크는 대부분 한국어로만 되어 있다. 간혹 영어 정도가 추가되지만, 중국어, 베트남어, 타갈로그어 등 이주민들이 많이 쓰는 언어는 찾아보기 어렵다. 설령 다국어를 지원한다고 해도 번역이 엉망이거나 핵심적인 정보만 간단히 번역한 경우가 대부분이다.

스마트폰 뱅킹은 더 심각하다. 대부분의 은행이 외국인 계좌 개설을 반드시 창구에서 하도록 요구한다. 본인 인증 시스템이 한국 주민등록번호를 기준으로 설계되어 있기 때문이다. 계좌를 만들어도 앱으로는 일부 서비스만 이용할 수 있다. 보안카드나 공인인증서 발급 과정이 한국어로만 되어 있기 때문이다. 정부24나 국민건강보험공단 같은 공공 서비스도 마찬가지다. 다국어 서비스를 제공한다지만, 대부분 구글 번역기 수준의 기계 번역에 의존한다. 특히 전문용어나 행정 용어는 제대로 번역이 안 될 때가 많다. 이주민들은 간단한 행정 처리를 위해서 한국어가 능숙한 지인의 도움을 받아야 한다.

흔히들 "한국에 왔으면 한국어를 배워야지"라고 말한다. 맞는 말이다. 하지만 언어를 배우는 데는 시간이 필요하다. 그 시간 동안 이들의 기본적인 생활과 권리를 어떻게 보장하나? 더구나 관광객이나 단기 체류자에게까지 한국어를 강요하는 것은 말이 되지 않는다. 번역 기술의 편향성 문제도 그렇다. 대부분의 번역 서비스가 영어 중심으로 발달하다 보니, 동남아시아나 아프리카의 언어 번역은 정확도가 현저히 떨어진다. 단순히 기술적 한계가 아니다. 어떤 언어에 투자하고 연구할 것인가를 결정하는 과정에서 이미 차별이 작동한 결과다.

이러한 정보 격차 문제는 또 다른 차원의 문제를 만든다. 예를 들어 코로나19 시기에 방역 정보나 재난지원금 신청 절차가 제대로 전달되지 않아 이주민 커뮤니티가 큰 어려움을 겪었다. QR 체크인이나 백신 예약 시스템이 특히 문제였다. 다국어 지원이 미흡했을 뿐 아니라, 본인 인증 자체가 안 되곤 했다.

취업 포털이나 부동산 앱 같은 생활 필수 서비스도 문제다. 구인 구직 사이트들은 대부분 한국어로만 되어 있어서 이주노동자들은 브로커나 지인에게 의존할 수밖에 없다. 이 과정에서 부당한 수수료를 요구받거나 열악한 근로조건을 감수해야 한다. 임대주택을 구할 때도 마찬가지다. 부동산 중개 앱은 물론이고 임대차 계약서까지 모두 한국어로 되어 있어서 제대로 확인을 못 한 채 계약하는 경우가 비일비재하다.

인공지능의 발전은 외국인에게 또 다른 차별을 만든다. 챗봇 상담원은 한국어가 서툰 사용자의 질문을 제대로 이해하지 못해 엉뚱한 답변을 하거나 아예 응답을 거부하곤 한다. 음성 인식 시스템은 외국 악센트가 있으면 잘 인식하지 못하고, 얼굴 인식 기술은 아시아계나 아프리카계 사용자의 얼굴을 잘 구분하지 못한다. 우려스러운 것은 이런 기술들이 출입국 관리나 체류 자격 심사에 활용되기 시작했다는 점이다. 일부 국가에서는 이미 인공지능을 통한 비자 신청 심사를 도입했는데, 이 과정에서 특정 국가 출신이나 특정 인종에 대한 차별이 알고리즘에 내재화될 위험이 있다.

이에 대한 해결책으로 흔히 다국어 지원 확대와 번역 기술 고도화를 제시한다. 필요한 조치다. 하지만 이것만으로는 부족하다. 기술 자체가 특정 언어와 문화를 중심으로 설계되어 있는 한 다국어 지원은 임시방편에 불과하기 때문이다.

진짜 해결책은 기술 개발 단계에서부터 다양한 언어와 문화를 고려하는 것이다. 이는 단순히 이주민 전문가나 다문화 활동가의 조언을 받는 수준이 아니라, 이주민들이 직접 기술 개발 과정에 참여하는 것을 의미한다. 실제로 이런 시도들이 조금씩 나타나고 있다. 여성가족부는 다문화가족지원센터를 운영하면서 13개 언어로 24시간 전화 상담이 가능한 콜센터를 운영하고, 휴대전화로 사용할 수 있는 다누리 앱과 다문화 가족 지원 포털 '다누리'를 운영한다. 일부 배달 앱은 이주민 커뮤니티의 요구를 반영해 할랄 인증 음식점 표시를 추가하고 있으며, 결제 시스템을 해외 발행 카드 사용이 가능하도록 개선하고 있다.

하지만 이런 시도들은 아직 예외적인 사례에 불과하다. 대부분의 기술 개발은 여전히 한국인 중심, 그것도 특정 계층의 한국인을 중심으로 이뤄지고 있다. 심지어 일부 기업은 '외국인 전용' 서비스를 따로 만드는 방식으로 문제를 해결하려고 한다. 이는 마치 노인을 위한 '효도폰'처럼 차별을 또 다른 형태로 재생산하는 발상이다.

결국 이주민과 다문화 가정 문제는 단순히 기술의 문제가 아니다. 이주민과 다문화 가정을 우리 사회의 동등한 구성원으로 인정하지 않는 한 아무리 기술이 발전해도 차별은 계속될 수밖에 없다. 오히려 새로운 기술이 등장할 때마다 새로운 형태의 차별이 만들어질 위험이 있다. 우리에게 필요한 것은 다문화 친화적 기술이 아니라, 애초에 모든 기술을 다양한 문화와 언어를 고려해 설계하려는 의지다. 장애인을 위한 저상버스가 결국 모든 시민의 이동권을 보장하는 것처럼, 이주민과 다문화 가정을 고려한 기술 역시 우리 모두를 위한 기술이 될 것이다.

맺음말

긴 이야기를 함께해 주셔서 고맙다. 과학은 인류가 함께 만든 공동의 자산인데, 자본주의 체제에서 소수가 과학을 독점하고 있는 현실을 보여 주고 싶었다. 빅테크 기업은 인공지능을 독점하면서 '인류의 진보'를 이야기하고 제약 회사는 터무니없는 약값을 매기면서 '연구개발의 필요성'을 강조한다. 대학과 연구소는 기업의 돈줄에 더욱 의존해 연구하면서 '생명 윤리'를 외친다.

이런 상황에서 노동자와 민중의 과학을 이야기하면 "현실을 모르고 하는 소리"라고 말할지 모른다. 하지만 환경 운동가들은 과학적 데이터로 무장하고 자본의 탐욕에 맞서 싸우며, 노동자들은 새로운 기술이 가져올 변화를 분석하면서 노동조건 개선을 요구한다. 그리고 농민들은 기후 위기에 맞서 대안적인 농법을 연구한다. 이미 우리는 알게 모르게 과학과 함께 투쟁하고 있다.

전문가의 언어는 여전히 어렵고 연구실의 문턱은 여전히 높다. 그렇다고 과학을 그들만의 리그로 남겨둘 수는 없다. 기후 위기는 날로 심각해지고, 팬데믹의 위험은 여전하며, 노동 현장의 기술 변화는 가속화하고 있다. 이런 문제들은 모두 과학과 연결되어 있고 노동자·민중의 삶과 직결된다.

우리는 혼자가 아니다. 전 세계 곳곳에서 과학의 민주화를 위해 노력하는 사람들이 있다. 맨발의대학처럼 민중과 함께하는 과학교육을 실천하는 이들이 있고, 브라질의 민중 과학 운동처럼 대안적 과학기술을 만드는 이들이 있다.

일터에서 새로운 기술이 도입될 때 관심을 가지고 살펴보는 것, 환경 문제를 다룰 때 과학적 데이터를 찾아보는 것, 이런 작은 실천부터 시작하자. 중요한 것은 더 이상 과학을 남의 이야기로 여기지 않는 태도다.

이 책이 여러분의 여정에 작은 길잡이가 되었기를 바란다. 기억하자. 과학은 가진 자의 것이 아니라 노동자와 민중의 자산이 되어야 한다고, 될 수 있다고 말이다.

찾아보기